黄河防洪工程维护管理系统研发

高新平　张洪岭　李德营　王玉华　马晓兵　编著

黄河水利出版社

·郑州·

内 容 提 要

黄河防洪工程维护管理系统是"黄河数字建管系统"的组成部分,黄河数字建管系统是"数字黄河"工程建设中六大业务应用系统之一。

系统的研发本着"需求牵引、应用至上"的建设原则,结合新形势下的治黄业务需求,把工程日常运行和管理置于信息化平台之上,采用3S、数据库、通信、网络等技术,研发了基于黄河流域三维地貌服务平台的黄河防洪工程维护管理系统。主要包括工程基础信息管理、工程维护决策支持、工程维护动态管理、多媒体信息管理、安全监测及涵闸安全评估等部分。

全书共分九章,具体地分析了系统需求,阐述了项目总体架构、技术路线,以及项目研发中的关键技术、难题及解决方案等。

本书可供广大水利科技管理人员和软件开发人员参阅。

图书在版编目(CIP)数据

黄河防洪工程维护管理系统研发/高新平等编著.
—郑州:黄河水利出版社,2010.12
ISBN 978 – 7 –80734 – 953 – 2

Ⅰ.①黄⋯ Ⅱ.①高⋯ Ⅲ.①黄河 – 防洪工程 –
管理信息系统 – 系统开发 Ⅳ.①TV882.1 – 39

中国版本图书馆 CIP 数据核字(2010)第 251395 号

出 版 社:黄河水利出版社
　　　　　地址:河南省郑州市顺河路黄委会综合楼14层　　邮政编码:450003
发行单位:黄河水利出版社
　　　　　发行部电话:0371 – 66026940、66020550、66028024、66022620(传真)
　　　　　E-mail:hhslcbs@ 126. com
承印单位:黄河水利委员会印刷厂
开本:787 mm ×1 092 mm　1/16
印张:11.5
字数:270 千字　　　　　　　　　印数:1—1 000
版次:2010 年 12 月第 1 版　　　　印次:2010 年 12 月第 1 次印刷

定价:38.00 元

前　言

黄河是中华民族的摇篮,经济开发历史悠久,文化繁衍源远流长,曾经长期是我国政治、经济、文化的中心地区。黄河流域土地资源、矿产资源、能源资源十分丰富,生产潜力巨大,在我国现代化建设中具有重要的战略地位。黄河是一条多泥沙河流,中上游地区的干旱风沙、水土流失灾害,下游河道泥沙淤积和决口威胁,都严重地影响着沿黄地区的经济发展和人民生命财产安全。治理开发黄河是我国国土整治与开发的重大战略任务,对促进我国经济可持续发展具有重要的意义。

黄河下游两岸平原人口密集,城市众多,有郑州、开封、新乡、濮阳、济南、菏泽、聊城、德州、滨州、东营以及徐州、阜阳等大中城市,有京广、津浦、陇海、新菏、京九等铁路干线以及很多公路干线,还有正在迅速发展的中原油田、胜利油田、兖济煤田、淮北煤田等能源工业基地,以及正在加速发展的黄淮海平原农业综合开发区。黄河下游水患灾害历来为世人所瞩目,黄河一旦决口,势必造成巨大灾难,甚至可能打乱整个国民经济的部署和发展进程。黄河洪灾除直接造成经济损失外,还会造成十分严重的后果,大量铁路、公路及生产生活设施,引黄灌排渠系都将遭受毁灭性破坏,造成群众大量伤亡,泥沙淤塞河渠,良田沙化等,对社会经济发展和环境改善将造成长期的不利影响。黄河安危,事关重大,因此黄河的防洪、治理开发和工程管理自古以来都是关系到人民安危和国家兴衰的大事。

1946年中国共产党领导人民治黄以来,特别是新中国成立以后,党和国家对黄河进行了前所未有的治理与开发。经过60多年的不懈努力,初步形成了以中游干支流水库、下游河防工程、分滞洪区的"上拦下排,两岸分滞"的调控洪水工程体系,初步形成了以上游水土保持、中游干流水库、下游河防工程、两岸滩地放淤和河道挖河疏浚的"拦、排、放、调、挖"泥沙处理和利用体系,同时,还加强了防洪非工程措施建设和人防体系的建设。

黄河防洪工程是黄河防洪减灾的重要保障,并在黄河治理开发与管理中发挥着重要的基础作用,如何利用通信、网络、计算机、3S等先进技术,建立基于流域三维地貌服务平台的防洪工程维护管理系统,通过数据采集、实时传输、信息存储管理和分析处理等,实时掌握防洪工程的运行状态,为黄河防汛抢险、水资源统一调度管理、防洪规划、工程设计、工程施工及工程建设管理等提供全面、及时、准确的信息服务和技术支持,正是本系统研发的目的。

黄河防洪工程维护管理系统开发建设起步于2002年,是黄河"亚洲开发银行贷款项目——防洪非工程措施"工程建设中的组成部分,初期建设以河南省郑州市境内的黄河防洪工程的维护管理为试点,主要涉及下游两岸堤防工程、引水涵闸工程、河道治理工程,以及三门峡、小浪底等下游防洪水库等,经过多年的滚动开发,逐步扩展到了整个黄河流域的整个防洪工程体系,该系统建设随着不断的开发和应用,逐年进行了完善修改,由2004年的试点工程系统,经过了多次升级完善,在黄河防洪工程维护管理工作中发挥着重要作用。

本书是对该项目研发成果的技术总结,重点阐述了系统需求分析、系统总体架构、实现功能、研发采用的技术路线,关键技术难点及解决方案等,力求体现系统研发中的创新点,探索先进技术在实际生产中的应用,为类似系统建设提供参考。

　　本书由高新平、张洪岭、李德营、王玉华、马晓兵撰写。其中高新平撰写本书前言、目录、第 3 章、第 7 章及第 9 章,张洪岭撰写第 4 章及参考文献,李德营撰写第 1 章、第 2 章及第 5 章,王玉华撰写第 6 章 6.3、6.4 节,马晓兵撰写第 6 章 6.1、6.2、6.5、6.6 节及第 8 章。全书由高新平统稿。

　　本书编写过程中,得到了朱艾钦、赵乐、张宝森、李长松、曹立志、沈林、李昆的大力支持,刘学工、崔建中、卢杜田等专家对本书编写提出了许多宝贵意见,在此表示衷心的感谢。

编　者
2010 年 8 月

目　录

第 1 章 概 述

黄河下游河道高悬于两岸地面,堤防是在历代民埝基础上逐步加高培厚修筑而成的,由于其填筑质量差,新老堤面结合不良,以及历代人类、动物活动等原因,堤身存在许多裂缝、洞穴等隐患,尤其是历史上曾决口的老口门堤段,存在堵口时的淤泥、秸料等杂物,为最薄弱堤段,洪水漫滩后易发生滑坡、坍塌和管涌等险情。加之河道仍在继续抬高,黄河下游悬河的状况在相当长时间内依然存在,堤防仍存在决口的可能。

为保障防洪安全,1998 年长江大洪水以后,国家加大了对黄河治理的投入力度。除增加基建投资外,还利用亚洲开发银行(简称亚行)贷款 1.5 亿美元(国家统贷统还),中国政府匹配 1.5 亿美元,进行"黄河洪水管理项目"建设。2001 年 8 月,国际咨询公司对黄河水利委员会(简称黄委)编制的《亚行贷款项目黄河下游防洪工程建设可行性研究报告》进行了评估,认为:"在防洪非工程措施中列入气象水文预报系统、洪水预警与减灾系统、防洪工程维护管理系统等是适宜的⋯⋯"根据评估意见,防洪工程维护管理系统作为防洪非工程措施列入亚行项目,并通过近期防洪非工程措施科研立项筹措资金。

2002 年初,黄委建管局和信息中心成立了防洪工程维护管理系统建设项目组。黄委建管局项目组负责提出系统的需求,负责整个项目的组织协调与实施;信息中心项目组主要负责系统的设计、开发、集成及测试等系统建设任务。2002 年 7 月,在进行调研的基础上,黄委建管局组织有关技术人员,完成了需求分析报告的编写工作。2002 年 11 月,根据黄委亚行贷款项目办公室的要求,黄委建管局组织黄委设计院、信息中心、河南黄河河务局等多家单位,完成了《防洪工程维护管理系统设计报告》第一稿的编写工作,并于 2002 年 12 月组织召开了审查会,提出了修改意见。2003 年 7 月,根据修改意见,完成了《防洪工程维护管理系统设计报告》正式稿的编写,并上报到规划计划局。

2003 年 4 月,黄委建管局在郑州召开了"数字工管"郑州市局试点工程建设启动会议,防洪工程维护管理系统正式启动。至 2003 年 12 月 30 日,圆满完成了"数字工管"郑州市局试点工程建设,系统基础信息管理及多媒体信息管理子系统初步建成运行。大大提高了工程基础信息采集和查询的时效性,提升了工程管理的科技含量,为"数字工管"下一步建设奠定了坚实的基础。2004 年 4 月,黄委建管局下发了《关于选择〈黄河水利工程维修养护标准化模型研究〉承担单位的函》,确定山东黄河河务局为模型研究承担单位。山东黄河河务局根据要求,于 2004 年 10 月完成了"黄河水利工程维修养护标准化模型研究"任务。黄委信息中心根据山东黄河河务局提供的成果,于 2004 年底,完成了黄河水利工程维修养护标准化模型子系统的设计及开发工作。2005 年上半年,根据修改意见,项目组对已建系统进行了修改完善。2008 年 5 月,根据防洪非工程措施批复意见,编制了《试点工程安全评估系统技施设计》,9 月 1 日项目开始实施。2008 年 7~10 月,根据黄委建管局提供的新的治黄需求,黄委信息中心开发了工程动态维护管理子系统,并对基础信息管理子系统进行了升级完善。2008 年 11 月,对整个系统进行了集成、测试。2009

年8月,系统实现了基于黄河流域三维地貌平台的升级改造。

1.1 黄河防洪工程与管理体制

1.1.1 防洪工程现状

人民治黄60多年来,黄河下游先后兴建了以干支流水库、堤防、河道整治工程、分滞洪区为主体的"上拦下排、两岸分滞"的防洪工程体系。同时水文、通信、信息网络及防洪组织管理等非工程措施也得到了进一步加强,初步形成了较为完善的黄河下游防洪体系。见图1-1。

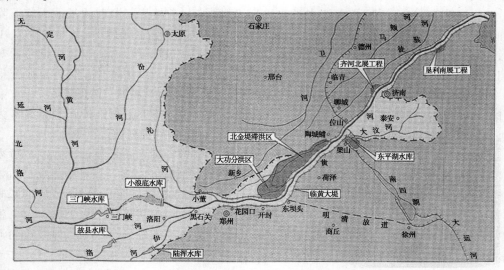

图1-1 黄河下游防洪工程体系分布图

上拦工程有:干流的三门峡水库、伊河的陆浑水库、洛河的故县水库及干流上的小浪底水库。

下排工程主要有:黄河两岸大堤、支流堤防和河道整治工程。

两岸分滞洪工程有:东平湖水库、北金堤滞洪区、大功分洪区、封丘倒灌区、齐河展宽区(北展)、垦利展宽区(南展)等。

非工程措施主要有:防汛组织体系、防汛通信系统、水文测报预报系统、防汛信息采集系统、滩区分滞洪区的管理、工程抢险及防灾救灾等。

黄河下游现行河道经过了一系列演变过程。孟津白鹤至武陟秦厂属禹河故道,南岸受邙山、北岸受清风岭及堤防的制约,河道变化不大。左岸从沁河口、右岸从邙山根至兰考东坝头河段130多km属明清故道,现已行河500多年;自明代到1855年,该河段两岸堤防决口190次之多,由1855年铜瓦厢决口造成东坝头到武陟河道的溯源冲刷,河道下切,滩槽高差增大,低滩变成高滩,一般洪水多不出槽,堤防等防护工程也得到相应的加高培厚。东坝头以下河段是铜瓦厢决口改道后形成的新河,黄河初入山东夺大清河流路入海,大清河原河道仅十余丈,至1871年"大清河自东阿鱼山到利津河道,已刷宽半里余,冬春水涸,尚深二、三丈,岸高水面又二、三丈,是大汛时,河槽能容五、六丈",1875年以后,堤防已初步形成,河流得到约束,泥沙淤积增加,河道已变成地上河。河口河道从1855年由经铁门关至肖神庙东之入海(铁门关故道)开始,河口共改道10次,1949年以来大的改道有4次,先后在甜水沟、宋春荣沟、神仙沟及1976年人工改道的清水沟流路,防护工程也随之完善。

1.1.1.1 下游堤防工程

黄河下游现行河道两岸黄委直管的堤防包括临黄堤、东平湖堤、河口堤、北金堤、展宽堤(包括南展宽堤和北展宽堤)和支流沁河五龙口以下堤防及大清河戴村坝以下堤防等各类堤防长2 290.851 km,其中设防堤长1 960.206 km,不设防堤长330.645 km。临黄堤长1 371.227 km,分滞洪区堤防313.842 km,支流堤防195.367 km,渔洼以下河口堤防146.210 km。见表1-1。

表1-1 黄河下游堤防长度汇总 （单位:km）

河段	堤防类型	堤防名称	长度
孟津白鹤至垦利渔洼	设防堤	临黄堤	1 371.227
		分滞洪区堤	313.842
		支流堤	195.367
		小计	1 880.436
	不设防堤		264.205
	合计		2 144.641
渔洼以下	设防堤		79.770
	不设防堤		66.440
	合计		146.210
总计	设防堤		1 960.206
	不设防堤		330.645
	合计		2 290.851

人民治黄以来,黄河下游经过四次较大规模的加高加固大堤(第一次为1950～1959年,第二次为1962～1965年,第三次为1974～1985年7月,第四次为1990年至今),目前黄河下游临黄大堤高度一般为7～11 m,最高达14 m,临背河地面高差4～6 m,最大10 m以上,堤防断面顶宽7～15 m;临背边坡:艾山以上均为1:3,艾山以下临河边坡1:2.5,背河坡1:3。大堤历年加高断面示意图见图1-2。

按照防御2000水平年花园口站22 000 m³/s设防标准,高度值不足0.5 m的堤段经过1998年以来加高,目前已经完成。

自1970年在黄河下游放淤固堤以来,共完成土方量近5亿 m³,加固黄河堤防899 km,其中临黄堤887 km。目前采用截渗墙加固堤防长度为56.6 km,其中临黄堤

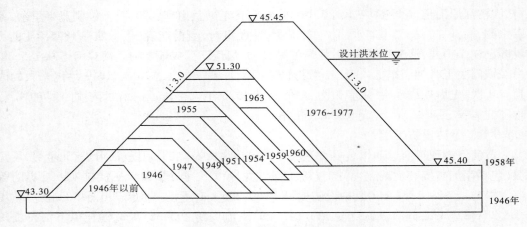

图 1-2　大堤历年加高断面示意图

51.3 km。采用前后戗加固堤防 373 km,其中临黄堤 269 km。放淤固堤示意图见图 1-3。

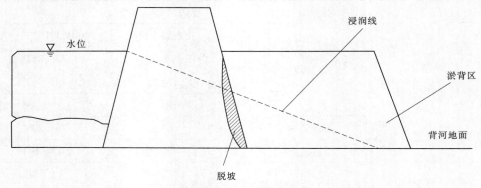

图 1-3　放淤固堤示意图

1.1.1.2　水闸虹吸工程

黄河下游豫、鲁两省临黄大堤上,截至 2004 年,计有引黄水闸 95 座(河南 32 座、山东 63 座),设计引水流量 4 170 m³/s;虹吸 6 处,设计引水能力 22.44 m³/s。据近年统计,年引水量 100 多亿 m³,抗旱、灌溉面积达 200 多万 hm²。分泄洪闸 13 座,设计分洪流量 29 330 m³/s。

另外,沁河堤防上有穿堤闸涵 31 座,设计引(排)水流量 83.4 m³/s,另外大清河堤、东平湖堤计有 17 座水闸,设计引排水能力 281 m³/s;北金堤水闸 8 座,设计引排水能力 129 m³/s;齐河北展及垦利南展堤上还有排灌闸 17 座,设计引排水能力 447 m³/s;其他有睦里、垦东排水闸,排水能力 15 m³/s。

1.1.1.3　防汛道路工程

黄河下游防汛抢险道路包括堤顶道路、沿黄乡镇或公路通往大堤的上堤防汛道路、通往滩区控导工程的控导工程防汛道路、控导工程连坝顶道路等。

1)堤顶道路

黄河下游临黄堤、沁河、东平湖围坝及二级湖堤、大清河堤等,总长度 1 680 km 需要按堤防"抢险交通线"进行建设,其中以临黄堤标准化建设为重点逐步硬化,参照平原微丘三级公路标准修筑。目前河南临黄堤左岸沁河口至台前张庄闸、右岸郑州邙山至兰考共计 459.71 km,已全线贯通,山东临黄堤、沁河堤防、东平湖二级湖堤等硬化长度约 400 km,按计划 2010 年以前临黄大堤硬化道路全面建成。

2)上堤防汛道路

黄河下游共有上堤防汛道路(硬化路)324 条,长 1 940 km,平均每 5.19 km 堤防有 1 条上堤道路。

3)控导工程防汛道路

黄河下游 168 处主要控导工程,长度 360 km,计有防汛道路 190 条,长 850 km。已硬化 84 条,长 368.2 km;土路 106 条,长 482 km。控导工程连坝长度 360 km 已硬化 22 处,长度 37.79 km。

1.1.1.4　黄河小北干流工程

黄河小北干流河段为历史上基本没有河道整治的工程。20 世纪 60 年代前,当地沿河群众为防止高岸坍塌,为了护村、护站等,自筹资金修过一些小型堤坝,因多属土堤,无根石保护,且河势又极不稳定,已被冲毁。

1968 年,经原水电部批准,两省修建了禹门口、汾河口、城西、芝川、合阳、朝邑、潼关等七处工程。此后,在 70 年代初期至 80 年代,未经水利部、黄委批准,两岸各自相继修建了多处河道整治工程。工程修建后,虽然保护了一些高岸不再坍塌,沿河滩地得到了开发利用,对控导主流、稳定河势起到了一定的积极作用,发挥了较大效益。但是,由于治理缺乏统一规划,有些工程平面布设不够合理,严重的还产生阻水挑流;有些工程过度占压河道行洪断面,工程对峙,影响河道行洪;有的工程不利于对岸机电灌站正常引水等。这种状况不仅加剧了两省的水事纠纷,而且也严重浪费了大量的人力、物力及建设资金。对此,国务院、水利部极为重视,50 年代及 90 年代多次做过指示、批复及批示,但由于多种原因,一直未能很好地解决。

为了减少晋、陕两省水事纠纷,经国务院(82)国函字 229 号文批示,黄河禹潼河段两岸河道工程由黄委实行统一管理。1985 年初,黄委对两岸工程进行了接管。由于多种原因,少数工程仍由地方管理。1990 年,国务院以国函[1990]26 号文明确批复"两岸严重阻水挑流的工程必须拆除"。经黄委 1993 年 4 月核查,黄河禹潼河段两岸现有超出治导控制线的河道工程共计 10 处,总长度 11.20 km。其中:左岸山西侧有 6 处,工程长度 6.10 km;右岸陕西侧有 4 处,工程长度 5.10 km。这些超线工程中,国函[1990]26 号文指名的六处工程应拆除 5.07 km,其中:山西侧 3 处,2.57 km,分别是小石嘴工程 0.67 km,屈村工程下段 0.45 km,城西工程下段 1.45 km;陕西侧 3 处,2.50 km,分别是太里工程下段 1.00 km,华原工程下段 1.20 km,牛毛湾工程下段 0.30 km。

国函[1990]26 号文件批复后,由于两省未严格按文件执行,未经黄委同意又擅自修建了部分阻水挑流工程,造成六处阻水挑流工程实际应拆除总长度增加 3.0 km,为 8.07 km,坝垛 58 道。其中:山西侧在城西工程增加 1.5 km;陕西侧在牛毛湾工程下段增加 1.5 km。

1994 年国家防办以国汛办电[1994]14 号《关于抓紧黄河小北干流清障的紧急通知》

电告山西、陕西防洪指挥部及黄委,要求"黄河小北干流治导线内的挑流工程务于 7 月 25 日前拆除"。

依据"紧急通知"精神,由黄委组织,在晋、陕两省防办及有关部门大力支持配合下,国务院 26 号文件指名的六处工程阻水挑流部分 8.07 km 终于于 1994 年下半年拆除完成。

截止到 2000 年统计,两岸共有已建工程 34 处,工程长度 146.988 km(委管长度 118.720 km,地管 28.268 km),坝垛 1 029 道。其中左岸 22 处,长度 83.605 km(委管 67.976 km,地管 15.629 km),坝垛 520 道;右岸 13 处,长度 63.383 km(委管 50.744 km,地管 12.639 km),坝垛 509 道。按工程分类统计,工程总长度 146.988 km,控导工程 64.665 km(左岸 37.247 km,右岸 27.418 km);护岸工程 74.043 km(左岸 41.178 km,右岸 32.865 km);护滩工程 5.150 km(左岸 3.150 km,右岸 2.00 km),未计入伸入治导控制线以内的 3.130 km。

山西、陕西黄河小北干流计有防汛道路 37 条,长度 128.85 km,其中山西 19 条,长度 91.02 km;陕西 18 条,长度 37.85 km。

1.1.1.5 三门峡库区工程

三门峡库区主要淹没与影响区包括潼关至三门峡大坝 113.5 km、黄河小北干流 132.5 km、渭河咸阳铁桥以下 208 km 及北洛河洑头以下 138 km 河段。

1)渭河下游

渭河下游堤防始建于 20 世纪六七十年代,质量差,标准低,宽度、坡比均达不到设计要求,且高程不足,实际防洪能力普遍达不到设计标准,其中耿镇桥以下渭河防护大堤实际防洪能力只能达到 7 660 m^3/s,约为 12 年一遇的标准;加之渭河下游河床不断淤高,临备背差不断增大,造成大堤防洪能力不断下降。

渭河下游堤防,经过多次加高培厚,曾达到防御渭河华县站 10 800 m^3/s(50 年一遇)洪水标准,一般堤顶宽 3~6 m,超高 1.8~2.0 m,临河坡 1:2.5~1:3.0,背河坡均为 1:2.0。但由于河道不断淤积,防洪标准随之降低,堤防有待进一步加高。

渭河下游河道整治工程分为险工、控导和护岸三类,采用丁坝、垛、平顺护岸三种形式。据统计,截至 2000 年,渭河下游河道 208 km,两岸已修建河道整治工程 57 处,坝垛 1 359 座,护岸 58 段,工程总长度 119 km。

2)潼三段

潼关至三门峡河段属山区峡谷河道,建库前,沿河部分村镇遭受洪害,仅局部进行防护。建库后,该河段成为库区,既是河道型水库,又是常用库容范围,蓄水运用后,库区两岸坍塌严重,高岸的坍塌,不但耕地塌失,还迫使一些村庄迁移,群众的生命财产安全受到威胁;1969 年"四省会议"明确了三门峡水库运用原则,枢纽经过改建后,水库采用"蓄清排浑"运用方式,水库蓄水位较原蓄水运用初期有所降低,蓄水时间大大缩短,原高蓄水时淤积形成的高滩,常年或大部分年内不受蓄水影响,或影响较少,成为良田,是两岸群众,特别是建库后因塌岸而后靠的移民安置生产的好地方。大部分滩地可种一季,少部分滩地可种两季。

据统计,截至 2004 年,潼三段库区两岸共修建护岸工程 42 处,工程长度 78 810 m。

其中,河南省(右岸)23 处,坝垛 241 座、护岸 29 段,工程长度 39 109 m;山西省(左岸)19 处,丁坝 18 座、垛 65 座、护岸 19 段,工程长度 39 701 m。

另外,三门峡库区潼三段计有防汛道路 43 条,长度 189.1 km,其中左岸山西侧 20 条,94.8 km;右岸 23 条,长度 94.3 km。路面有柏油、砂石等结构形式。

人民治黄以来,党和政府对黄河防洪十分重视,为控制洪水,减少灾害,先后四次加高培厚了黄河下游大堤,较为系统地进行了河道整治工程建设;在干支流上陆续修建了三门峡、小浪底、陆浑和故县水库,开辟了东平湖、北金堤等滞洪区,初步形成了"上拦下排、两岸分滞"的防洪工程体系。同时,还加强了水文测报、通信、信息等防洪非工程措施的建设。依靠这些措施和沿黄广大军民的严密防守,保证了黄河的岁岁安澜。

目前,黄河中游禹门口至潼关河段有河道工程 36 处,坝、垛和护岸 920 道,工程长度 139 km;三门峡库区潼关至大坝段有防护工程 40 处,坝、垛 262 道。渭河下游有堤防 363 km,险工、控导工程 59 处,坝、垛和护岸 1 211 道,工程长度 122 km。黄河下游有各类堤防工程长度 2 291 km,其中临黄堤 1 371 km,分滞洪区堤防 314 km,支流堤防 196 km 和其他堤防 264 km,河口堤防 146 km;有各类险工 215 处,坝、垛和护岸 6 317 道,工程长度 419 km;控导护滩工程 231 处,坝垛 4 459 道,工程长度 427 km;防护坝工程 79 处,防护坝 405 道;修建分泄洪闸、引黄涵闸共计 107 座。这些防洪工程的建设,增强了黄河中下游的防洪能力。但由于防洪工程战线长,工程类别齐全、内容多,使得工程维护管理任务十分繁重。

1.1.2 信息化建设现状

黄委在 20 世纪 80 年代初期就开始将现代信息技术应用于黄河治理与防汛工作。1993 年开始筹建的黄河防洪减灾计算机网络系统,已基本形成覆盖黄委机关、水文局、河南局及其下属的五个地市局(新乡、开封、焦作、郑州和濮阳)、山东局及下属的八个地市局(菏泽、东平湖管理局、聊城、德州、济南、淄博、滨州和河口管理局)等主要防汛单位的广域计算机网络。

目前黄委现有网络覆盖范围上至兰州黑河管理局,下至山东局河口河务局,系统结构分为五个层级(一级:黄委网管中心;二级:委属各二级机构;三级:山东局、河南局下属的地市河务局;四级:山东局、河南局下属的县级河务局;五级:黄河下游沿河涵闸),其中驻郑单位之间为千兆城域网,上中游管理机构之间租用 2M 带宽 SDH,下游山东局干线为 30M 微波,实现了对黄河水情、工情、灾情等信息的接收、处理和预报作业。其中与"数字建管"相关的有黄河防洪工程数据库、黄河河道整治工程根石管理系统等。在此期间,委属各单位都开发了各自的办公自动化系统和业务应用系统,基本满足自身业务办公的需要。但是这些系统自成体系,各自独立,标准各异,数据都分散在各自系统中,由于黄委还没有一个全河联网的、统一标准的工程建设管理信息化系统,所以各级机关不能共享这些信息资源。

黄河干支流堤防、河道整治工程安全监测设施基本是空白,即使近年来新改建的工程也没有埋设安全监测仪器,多年来一直依靠日常人工巡视、人工观测和每年汛前的徒步拉网式普查,获得的数据时效性差。黄河防洪工程数据库建成于 1996 年,数据库中的工程基础数据统计至 1993 年,近年来黄河下游防洪工程建设力度加大,特别是随着黄河标准化堤防的建设,工程基础数据发生了很大变化,需要对数据库中的信息进行更新,才能反映工程当前的真实面貌。

鉴于黄河防洪工程目前的管理现状,各级工程管理部门迫切要求利用现代通信、计算机、网络等先进技术,建立一套现代化的工程管理系统,实时了解和掌握工程的运行状况,及时发现和消除工程隐患,提高科学决策和管理水平,确保黄河防洪工程的安全。

1.1.3 工程管理体制

在长期的计划经济体制下,多年来黄委所属各水管单位形成了集"修、防、管、营"四位一体的管理体制。在工程管理方面,既是管理者,又是维修养护者;既是监督者,又是执行者。

2002 年 9 月,国务院办公厅转发《水利工程管理体制改革实施意见》(国办发〔2002〕45 号)(以下简称《实施意见》),全面启动水利工程管理体制改革(以下简称"水管体制改革")工作。按照水利部对改革的统一部署,自 2002 年 10 月至 2006 年 6 月,黄委全面开展以"管养分离"为核心的水管体制改革工作,初步建立了新的管理体制和运行机制,落实了管养经费,提高了管理水平,对于充分发挥已建水利工程效益具有重要的现实意义。

1.1.3.1 改革前的管理体制

黄委作为水利部在黄河流域的派出机构,代表水利部行使黄河水行政主管职能,履行黄河治理规划、工程管理、防汛和水行政管理等职责。建设与管理局是黄委职能部门之一,主要负责黄河流域的工程建设管理和运行管理。黄委下设有建制齐全的省、市、县三级河务局,工程管理实行统一领导,分级分段管理,逐步建立起黄委和省、市、县四级比较完善的管理机构。其中黄河下游共设有河南、山东 2 个省局,14 个市河务局(管理局),63个县(市、区)河务局(管理局)(含 12 个闸管所)。从事工程运行管理职工 18 407 人;黄河中游设有山西、陕西、三门峡市等 5 个地(市)级河务局(管理局),18 个县级河务局(管理局),拥有工程管理职工 600 人。黄河中下游有省、市、县三级共 100 多个单位、18 000余人从事工程管理工作,管理着 2 000 多 km 堤防,近 500 处河道整治工程、10 000 多道坝垛和 100 余座水闸。黄河工程管理多年来一直延续"专管与群管相结合"的管理模式。改革前黄河水利工程管理组织结构体系框图见图 1-4。

河南黄河河务局、山东黄河河务局承担着黄河下游防洪工程的管理、维护与防汛抢险任务,两局工程管理运行模式相近:①堤防(含险工)管理实行专管和群管相结合,即由在职职工组织乡村部分群众承担日常管理和维修养护任务。原则上每 5 km 堤防配备一名专职护堤干部,负责组织护堤员开展堤防管护工作,进行管理和技术指导;沿黄村队每300～500 m 选派一名群众护堤员,吃住在堤,进行堤防日常管护工作。②河道管理、控导工程管理方面,实行专职专管。主要由在职职工承担日常管理和维修养护任务,实行班坝责任制,根据工程的长短分别确定由一个班或几个班负责维修养护,将坝岸维修养护落实到组或人,主要采取行政监督、检查、业务技术指导等措施开展管理工作。③水闸管理方面,实行专职专管。

这种管理模式在计划经济体制下对保持工程完整、提高工程抗洪能力曾发挥了积极

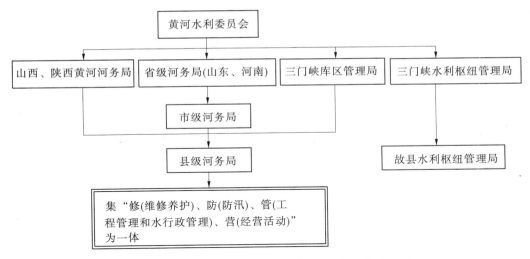

图 1-4 改革前黄河水利工程管理组织结构体系框图

作用。但随着市场经济的发展和工程管理"管养分离"改革的深入,原有模式已不适应现代化工程管理的需要,急需建立一种新的管理模式来适应工程现代化管理。

1.1.3.2 改革后的管理体制

按照《实施意见》精神,黄委实施水管体制改革后,明确了基层县级河务局(水管单位)的性质(纯公益性),调整和规范了水管单位管理、维护和经营的关系,明晰了产权,畅通了经费渠道,将从事维修养护和施工经营的机构、人员、资产等从县级河务局中分离,实现基层水管单位事企全面分开,建立符合我国国情、水情和社会主义市场经济要求的黄河水利工程管理体制,形成政府监管—水管单位负责—维修养护企业具体承担工作任务的新的管理格局。明确水管单位的工程管理责任主体地位以及水管单位和维修养护企业间产权清晰、权责明确的合同关系,并以此约束彼此行为,开展工程管理与维修养护工作。改革后黄河水利工程管理体制组织结构体系框图见图 1-5。

1.1.3.3 体制改革后的职能划分

水管体制改革后,县级河务局(水管单位)一分为三,按照事企分开的原则,明确定位、转变职能,形成水管单位、维修养护单位和施工企业并存的格局,三个单位人事、财务独立,统一归属于市河务局管理。

在工程管理方面,上级管理部门、水管单位和维修养护企业的权责有了明确的定位。上级主管部门对所辖水利工程负有行业管理责任,负责制定并出台相关政策和标准、监督检查水利工程安全运行工作;水管单位转变为具体负责水利工程的管理、运行和维修养护的监督,保证工程安全和发挥效益,对所辖水利工程的安全运行和效益发挥负总责,突出了水管单位的管理职能;维修养护公司按照与水管单位签订的合同承担具体的维修养护工作,并据此取得维修养护费用,重点在于以合同方式从事工程维修养护的职能。改革前后职能划分见框图 1-6。

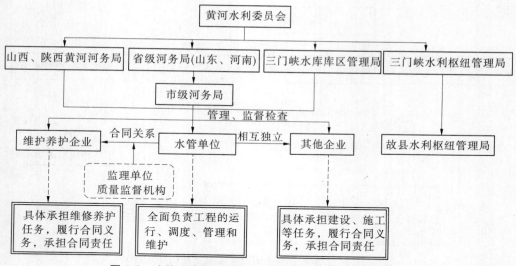

图 1-5　改革后黄河水利工程管理体制组织结构体系框图

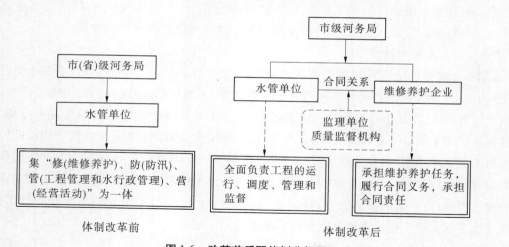

图 1-6　改革前后职能划分框图

1.2 "数字黄河"工程

　　为全面贯彻落实水利部从传统水利向现代水利、可持续发展水利转变这一新时期治水新思路,以信息化推动黄河治理开发和管理现代化,2001 年 7 月 25 日,黄委党组正式提出建设"数字黄河"工程。

　　"数字黄河"工程是一个复杂且庞大的系统工程。它需要多学科、多技术的支撑,主要是在各类水利数据基础上围绕水利技术,应用遥感、地理信息系统、全球定位技术、宽带网络技术、大容量数据存取和处理技术、智能化信息提取技术、动态互操作技术、科学计算技术、可视化和虚拟现实与仿真技术等,对黄河流域的资源、环境、社会、经济等各个复杂系统的各类信息进行数字化,通过数据整合、虚拟仿真进行信息的集成应用,为黄河的治理开发、重大问题决策提供科学支持和可视化表现。

"数字黄河",是借助全数字摄影测量、遥测、遥感(RS)、地理信息系统(GIS)、全球定位系统(GPS)等现代化手段及传统手段采集基础数据,通过微波、超短波、光缆、卫星等快捷传输方式,对黄河流域及其相关地区的自然、经济、社会等要素构建一体化的数字集成平台和虚拟环境,在这一平台和环境中,以功能强大的系统软件与数学模型对黄河治理开发和管理的各种方案进行模拟、分析和研究,并在可视化的条件下提供决策支持,增强决策的科学性和预见性。

通俗地讲,"数字黄河"就是把黄河装进我们的计算机,从而可方便地模拟、分析、研究黄河的自然现象,探索其内在规律,为黄河治理、开发和管理的各种方案决策提供科学技术支持。

"数字黄河"工程覆盖了黄河流域及其相关地区,涉及黄委各项业务,涉及信息采集、传输、存储、信息标准与管理、应用系统等的建设,其关键在于实现黄河流域各种数据的整合、各种分析方法的融合以及为领导决策提供支持信息等。"数字黄河"工程总体框架见图 1-7,主要包括基础设施、应用服务平台、应用系统以及技术支持和工程保障体系等。

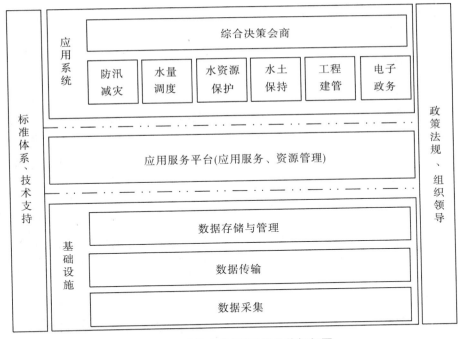

图 1-7 "数字黄河"工程总体框架图

基础设施主要是完成各类信息从采集到数据的处理和存储全过程的软硬件设备的有机组合,是"数字黄河"工程建设的基础。根据现代治黄工作流程和业务需求分析,通过完善"原型黄河"的测验体系,广泛地采集"数字黄河"工程所需空间信息资源;通过覆盖全河的宽带计算机网络,快捷、实时地将采集的数据传输到数据存储与处理系统。

应用服务平台是"数字黄河"工程资源的管理者,也是服务的提供者。应用服务平台由数据仓库、知识库、模型库和数据存取接口、应用服务中间件等部分组成。应用服务平台是一个开放的资源共享和应用集成以及可视化表达的公用服务平台,是业务应用的重要支撑,其开放性表现为自身随业务应用的建立而不断拓展与完善。

政策法规、组织领导、标准体系与技术支持等是实现"数字黄河"的保障和支撑。在保障项目建设所需经费投入的同时,还应对工程建设的管理从制度上和组织上给予落实,建立严密的工程建设组织管理体系、工程运行维护管理体系和人才培训与引进机制。

"数字黄河"工程建设的最终目的是为有效地治理黄河提供决策支持信息。工程建设以应用为牵引,在可视化应用服务平台的基础上,开发防汛减灾、水量调度、水资源保护、水土保持、工程建管等应用系统,为治黄业务提供专业决策支持和信息服务。基于虚拟仿真技术的决策会商在应用系统专业决策支持基础上,为治理黄河提供综合决策支持功能。

由图 1-7 可以看出"数字黄河"工程包括防汛减灾、水资源保护、水土保持、工程建管及电子政务六大业务应用系统,工程建管系统是"数字黄河"六大业务应用系统之一,而防洪工程维护管理系统是"工程建管"的重要组成部分。

1.3 系统研发目标与任务

1.3.1 系统研发目标

系统建设目标是:以黄河下游水闸、靠河险工(中水流量)以及试点工程为重点,通过数据采集、实时传输、数据存储管理和分析处理等功能,实现对防洪工程维护管理的网络化、信息化。自动生成优化的工程维护方案,快速查询工程基础信息,并在可视化的条件下为工程管理提供决策支持,增强决策的科学性和预见性,为保障黄河防洪安全提供支撑。

1.3.2 系统研发任务

防洪工程维护管理系统是一项技术难度大、结构复杂、涉及面广的全新系统工程。系统投入运用后,将对工程管理理念、工程管理手段带来深刻的变化。系统建设遵循以下原则:

（1）在"数字黄河"工程整体框架和建设原则下,进行系统建设。

（2）系统建设实行"统一领导、统一部署、统一标准、统一管理"。项目建设在黄委数字黄河办公室的统一规划和领导下,黄委建设与管理局负责行业管理,对项目建设进行督促和指导。

（3）充分体现系统的"实用性、可靠性、先进性、开放性"。

（4）抓住信息化、标准化基础研究和关键技术攻关等关键环节,"试点先行、稳步推进"。

（5）立足现实,着眼未来,远近结合,经济合理。

（6）系统建设在确保黄委直属工程、确保重点工程的前提下,统筹安排、分步实施。

建设任务包括：

（1）建设郑州市局和东平湖管理局两个数字化工程管理信息化试点，建设黄河下游水闸安全监测评估试点。

（2）建设重点靠河险工（中水流量）的实时安全监测和可视化监视系统。

（3）建设黄河下游工情数据库，实现防洪工程基础信息查询和统计。

（4）进行工程建设管理系统、运行管理系统、安全监测系统、安全评估系统、维护管理系统软件开发及关键技术研究。

（5）建成黄委数字化黄河工程管理中心。

工程维护管理建设范围包括：

（1）黄河下游堤防、河道整治工程、引黄闸、分泄洪闸等防洪工程。

（2）黄河中游禹门口至潼关河段黄委直管的河道整治工程。

（3）黄河中游潼关至三门峡大坝河段黄委投资建设的河道整治工程。

（4）渭河下游的堤防及河道整治工程。

（5）小浪底、三门峡及故县三座水利枢纽工程。

（6）黄河防洪工程建设管理范围内所有在建工程。

1.4　章节安排

本书共分九章：第 1 章"概述"，主要介绍了黄河防洪工程的现状与工程管理体制；"数字黄河"工程简介、以及系统研发的目标和任务。第 2 章"需求分析"，本章主要从治黄业务、功能、性能和环境以及信息类别等方面提出了不同需求。第 3 章"防洪工程维护管理系统总体方案设计"，主要描述了系统总体架构、系统部署策略、集成方案以及运行环境等。第 4 章"子系统设计"，本章介绍了防洪工程维护管理系统的六个子系统相应模块的功能设计及实现方法。第 5 章"数据库设计"，介绍了数据库的设计原则、依据、数据编码原则与标准数据库的结构和内容、数据的分布与存储、更新与维护、数据的备份与恢复以及数据库的安全性和一致性。第 6 章"开发技术方案"，主要介绍面向对象的设计思想、多语言的混合编程方法、WebGIS 的综合应用、黄河流域三维地貌基础服务平台的建设方案及防洪工程建筑物的建模方法。第 7 章"关键技术研究及解决方案"，本章主要介绍了在整个系统研发过程中遇到的技术难点及解决方案，包括：自动生成工程维修方案、规范化的定额模板、涵闸安全评估模型的研发、防洪工程三维激光扫描建模方法的探索，流域三维地貌服务平台的研发等。第 8 章"结论"，简单阐述了系统自 2003 年 11 月初步建成投入试运行后，经过几年的不断升级完善，系统在黄河工程建设与管理中发挥的重要作用及其取得的社会和经济效益。第 9 章"未来展望"，描述了水利工程管理的发展方向及系统的应用前景。

第 2 章 需求分析

2.1 业务需求

保持工程完整,确保工程防洪能力不降低是工程管理的中心任务。但目前无论是工程本身还是工程管理手段都存在着问题。一方面,黄河下游堤防工程基础条件差、隐患多;河道整治工程基础浅,稳定性差,一遇到较大洪水,出险频繁,若抢护不及,就可能造成决口而酿成重大灾害;另一方面,防洪工程的管理工作在方法、手段、工具等方面比较落后,安全监测几乎是空白,维护决策水平较低、随意性较大。由于没有建立信息化的工程管理系统,信息传递慢,资源不能共享,经常只能根据经验直观判断进行决策。因此,各级工程管理部门迫切要求利用当代先进技术,建立一套现代化工程维护管理系统,通过远程安全监测技术的应用,实时了解和掌握工程的运行状况,以便及时发现和消除工程隐患,确保黄河下游地上悬河堤防的防洪安全。

系统业务需求的主要内容是对工程进行维修养护、安全监测、安全评估,这是保证最大限度地发挥工程的功能、延长工程使用寿命的必要手段。

对于不安全的工程要及时进行除险加固。为了确定采用何种方案才能避免出现维修失败、资金浪费及更大的风险后果,就需要建立工程维护管理系统。该系统应根据工程监测数据和工程安全评估成果,通过工程维护标准化模型,自动生成一套工程除险加固方案;然后利用相关法规、标准库和专家知识库构成的决策会商环境,制定出工程最优化维护策略,并进行优先级排序,达到提高工程维护决策水平,实现资源优化配置的目的。

2.1.1 工程基础信息管理

2.1.1.1 工程现状信息

黄河防洪工程(大堤、险工控导工程、水闸、水利枢纽工程等)基本情况信息,含规划设计、施工、竣工、运行管理资料等。对工程基本资料按照标准和要求进行采集整理,并存储到数据库中,满足管理、科研、规划设计等人员对统计、查询、分析及报表打印等功能要求。利用GIS,实现可视化查询,包括河势、工程布置及结构断面、料物等。

2.1.1.2 险点险段及历史沿革信息

制定工程险点、险段等隐患标准,确定工程险点、险段基本情况,形成原因,除险加固方案,以及消除后运行管理情况。

2.1.2 工程动态维护管理

基于GIS的工程动态管理系统,自动更新有关资料。其内容有:动态管理险点、险段的消除,跟踪消除后险点、险段运行状况。险点、险段的位置、情况描述、图片、度汛预案及消除计划、方案等在黄河流域工程图上分层显示,重要水利工程和堤防的险点、险段及三维显示。每年的工程普查信息,年度计划及每月的进度,专项项目动态信息等。

2.1.3　维护标准研究与制定

进行工程维护管理的标准化研究,制定出工程维护分类标准、工程维护安全指标、工程维护优先级标准、工程维护定额标准、工程维护计划制订的方法。

建立工程维护管理的标准化模型,及时迅速地将有关工程维护标准、方法及工作安排发布出去。

2.1.4　维修养护策略与方案生成

根据工程监测成果和工程安全质量评价成果,通过进行工程维护管理标准化的研究,建立工程维护标准化模型,开发防洪工程维护管理系统软件,提出最优化的工程维修养护策略,提高防洪工程维护决策水平,实现资源优化配置。

2.1.5　管理维护决策支持

根据工程安全评估、预算,利用相关法规和标准库、专家知识库制定工程最优化维护策略,进行优先级排序,更加合理地运用工程维护资金,提高工程维护管理工作的效率。

2.1.6　工程多媒体信息管理

针对各类工程不仅需要用文字和表格对其进行描述,还需要相应的图片、视频等多媒体信息对其进行更加形象、直观的展示。要求能够根据不同权限,对多媒体信息进行上传、编辑,并且按不同条件组合进行查询、分类统计汇总及成果输出等。

2.1.7　安全监测信息管理

在工程安全监测方面,由于堤防工程的主要作用是防洪,因而将主要监测其渗流信息,如浸润线、渗流量等。对水利枢纽来说,除渗流信息外,还要监测坝体、坝基变形以及应力应变等信息。对险工控导工程来说,由于受水流冲刷极易产生根石走失现象,因而主要进行根石松动、变形(走失)等监测。对于穿堤建筑物(如水闸、虹吸、分泄洪闸),不仅要监测其本身的安全,还要考虑它对堤防的影响,特别是土石结合部渗流、开合错动的监测。这些监测信息只有依靠监测仪器才能获取。目前,黄河下游防洪工程监测设施基本是空白的。工程安全信息仅靠人工巡视检查获取,无法超前发现险情,不能真正做到抢早抢小,难以确保工程安全。因此,需要建立一套安全监测系统来实时监测工程的安全。

2.1.8　安全评估信息管理

有了安全监测系统,其采集的数据就需要及时进行分析处理,当发现某处工程数据出现异常时,就要进行工程安全评估和风险仿真模拟,分析险情危害程度和可能造成的风险,提出工程的安全状态指标,这一过程就是工程安全评估系统。系统评估结果可作为防汛、水量调度和工程除险加固的决策的支持依据。

2.2 功能需求

搞好防洪工程维修养护与除险加固,保持工程完整,提高工程强度是工程维护管理的中心任务与重要职责。为满足新形势下治黄业务的需求,迫切需要开发基于黄河流域三维地貌的黄河防洪工程维护管理系统,利用传感器、计算机网络、现代通信技术和数学模型等科技手段,采集和处理监测数据,实时掌握和了解工程运行状态,评估工程安全状况,预测工程的运行承载能力和使用寿命,不断为防汛和工程管理维护决策提供全面、及时、准确的决策依据。系统主要功能需求为:

(1)实时、完整地完成各类监测信息的接收、处理和存储。

(2)对工程基础信息按照工程类别进行录入及编辑,工程基础信息是指黄河防洪工程(大堤、险工控导工程、水闸、水利枢纽工程等)的基本情况信息,含工程地质、规划设计、施工、竣工以及运行管理资料等。

(3)及时录入和更新工程动态维护信息,内容包括:堤防工程险点险段管理,动态管理险点险段的消除,跟踪消除后险点险段运行状况。险点险段的位置、情况描述、图片、度汛预案及消除计划、方案等能在黄河流域工程图上分层显示。

(4)根据工程监测成果和工程安全评估成果,通过工程维护标准化模型,自动生成一套工程维修养护优化方案。

(5)根据定额标准,自动计算出工程量及投资预算,并且能够根据不同时期的市场价格修订定额标准。

(6)利用相关法规、标准库和专家知识库构成的决策会商环境,制定出工程最优化维护策略,并进行优先级排序,提高工程维护决策水平,实现资源优化配置的目的。

(7)对工程多媒体信息进行管理。

(8)能以图形、文字、表格、视频等方式,面向不同层次的需求,提供各类工程的相关信息,以及背景资料和历史资料。

(9)基于三维地貌服务平台,针对工程各类信息进行可视化查询、统计汇总等。

2.3 性能和环境需求

为了保证黄河防洪工程维护管理系统的良好运行,还需要有可靠的通信网络、计算机网络、数据存储中心等。本系统的基础信息从监测点采集后,要经过各级工程管理中心逐级上传,最后形成以黄委工程管理中心为最高层,省、市、县层层互联的工程管理网络信息化体系。

2.3.1 通信系统

黄河防洪工程安全监测系统覆盖整个黄河中下游地区,上至万家寨水利枢纽,下至河口地区,长达数千公里,虽有郑州—济南、郑州—三门峡、郑州—小浪底微波数字通信干线沟通,但基础数据采集单元较为分散。这些数据采集单元,不仅向直属工程管理站或管理中心传输数据,还要直接响应上级工程管理中心指令而进行数据传输。因此,数据传输应综合评比,选择合适的、高保障率的传输方式。根据目前黄河防洪工程管理体制状况,设黄委、省局、市局、县局四级管理。数据传输主要是这四级之间传输和四级与现场之间的传输。

从数据传输内容来说,主要有数字、静态图片、动态图像和语音等四类信息。现场与工程管理站之间,数字、图像信息可以通过有线的方式来实现,语音信息可采用无线的方式来实现。由于现场的信息包含数字和图像信息,要求的带宽比较大,因此应优先考虑光缆通信方式。

工程管理站与市级管理分中心、省级管理中心及黄委工程管理中心之间的数据传输,依靠的是"数字黄河"工程构建的网络传输平台。为了满足安全在线评估、预报、决策的目的,数据传输应确保快速、准确,并考虑与调度、防汛部门通信线路结合时确保不产生相互干扰。根据目前的通信技术发展来看,采用光缆为最佳的通信途径。

黄委通信系统经过近十几年的建设已初具规模,根据本系统总体构架及业务需求,要求通信传输网络应能满足远程控制、监视、监测信息及日常维护信息的传输要求。其性能应满足稳定性高、可靠性强、传输通道透明,适应各类信息数据传输的要求。

2.3.2　计算机网络

黄委的计算机网络经过多年的建设和管理,已经基本形成了一个覆盖黄河下游的带状的以防汛业务为主的计算机广域网络。该网络目前已覆盖了委机关、驻郑各单位、水文局局级下属的六个水文水资源局、河南与山东黄河河务局下属的 14 个地市级和部分县局,以及三门峡枢纽管理局、故县枢纽管理局等主要防汛单位。其中,驻郑各单位实现了千兆网络互联,广域网信道在三门峡以下至郑州地区采用 155M 的 SDH 微波接入。目前,黄委的计算机网络已实现了同国家防汛指挥部系统计算机网络的广域互联,其中只有黄委的网管中心部分设备配置了设备管理工具和简单的网络维护工具,其管理整体网络系统的技术管理手段还是空白,尤其是网络安全措施还十分有限。

防洪工程维护管理系统需要建设一个稳定安全的计算机网络系统,网络管理系统应满足以下性能要求:

(1)能够对网络内部各种平台、数据库、网络应用的运行状态进行有效监控;

(2)能够进行高度的自动化管理,尽量减少人为干预,避免由于人员操作不当引起的系统故障;

(3)可以对网络节点进行远程配置,并能实时监控各节点的性能状态,一旦出现故障,便能自动及时地报警;

(4)能够提供辅助支持,出现网络故障时可以快速响应,同时为系统的长期规划提供统计依据;

(5)尽量减少管理信息对网络传输的压力。

2.3.3　数据存储

数据整理存储内容:一是对现场实时采集的数据进行整理和存储,包括对采集的数据进行初步评价,对于其中存在突然性变化的测值进行初步判伪等工作;二是非实时信息(包括非实时探测的断面数据、断面设计施工资料、工程档案历史信息等)通过人工输入接口录入系统。数据采集和录入要与防洪工程监测系统的数据库模式一致,保证数据整理存储的规范化和标准化。

由于数据存储是以地(市)级工程管理分中心、省级工程管理中心和黄委工程管理中心服务器系统为载体,因此数据的整理存储模式也必须与其相适应,应是开放式的、分布式的数据整理存储平台,在此基础上进行规范化、标准化管理,并对各级工程管理中心的数据享用权限进行分配。

2.4 信息需求

2.4.1 信息需求的内容

(1)防洪工程基础信息包括以下几项:

堤防工程:堤防(段)一般信息、堤防(段)基本情况、堤防横断面参数和横断面基本情况、堤防水文特性、堤防(段)历史决溢记录。

河道整治工程:河道整治工程一般信息、河道整治工程基本情况、险工工程基本情况、险点险段基本情况、控导工程基本情况、坝垛护岸基本情况。

水闸工程:水闸基本情况、虹吸基本情况、涵管基本情况、穿堤建筑物基本情况。

跨河工程:跨河工程基本情况、桥梁基本情况、管线基本情况。

蓄滞洪区:蓄滞(行)洪区一般信息、蓄滞(行)洪区基本情况。

水库枢纽工程的基本信息。

(2)防洪工程附属设施基本信息,包括以下几种情况:管护基地基本情况、管护机械、器具情况;防汛屋、防汛路、上堤辅道、上堤路口、堤顶道路情况;堤坡防护、排水设施情况;标志桩、界牌情况;行道林(门树)、防浪林、适生林基本情况、草皮基本情况。

(3)工程维护运行信息,包括以下几项:

工程普查资料:堤防工程普查情况、河道整治工程统计,水闸(虹吸)工程普查统计。

堤防工程险情报告:风浪淘刷、管涌、滑坡、渗水、漏洞、裂缝、陷坑、坍塌、护岸漫溢、坝垛险情情况记录。

水闸险情报告:水闸渗水、水闸管涌、水闸滑动、倾覆险情记录。

雨毁情况统计:堤防工程雨毁情况、河道整治工程雨毁情况、水闸工程雨毁情况统计。

隐患探测报告:堤防隐患探测情况、河道整治工程根石探测成果、根石探测断面参数。

日常维护管理信息:堤防工程日常维护管理、河道整治工程坝面养护管理信息,水闸工程日常维护、水闸附属设施养护管理信息,生物工程维护管理信息,管护标志标牌信息。

防洪工程安全监测仪器运行情况及实测数据。

(4)各类统计信息。

(5)图形、图像信息。

(6)有关的法律、法规文件和上传下达文件。

（7）工程维护方案与定额。

（8）常见险情的描述及其抢护方法。

（9）险情报警提示信息。

2.4.2 信息显示方式需求

信息显示即能够以图文相结合的方式显示各类工程信息,用户用鼠标在电子地图上点击某工程位置,可以立即查看到与该工程有关的图形、图表、历史沿革、工程现状等文字说明和数据(见图2-1)。

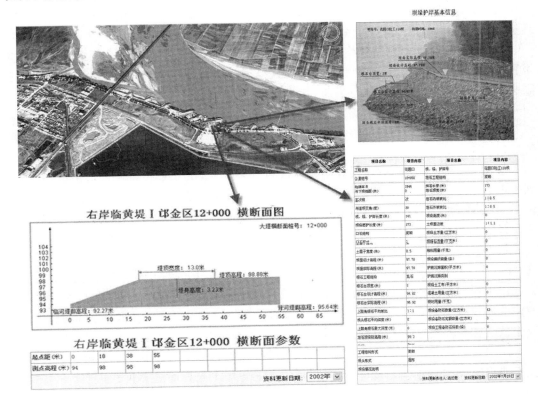

图2-1 查询结果显示图

用户能够按照不同条件进行任意组合,检索符合条件的全部信息。

（1）信息查询环境需求。

普通用户通过互联网浏览器查询本系统信息,不需安装专用软件。

（2）专业用户需求。

数据编辑、录入功能:业务人员可以编辑、修改、录入授权范围内的数据,例如工程普查和人工观测等数据。

数据统计:授权用户选择统计项目并指定统计范围后系统自动生成统计报表。

数值计算:当用户填写险情登记报告表时,将工程出险长度、宽度、高度输入完后,系统自动计算出险体积,填写完抢护方法体积后,系统根据施工定额自动计算出用工、用料和投资。

数据比较分析：系统将工程最新测值与上次测值比较（例如根石探摸、险情普查等），或将最新测值与标准极限值比较（例如应力、应变、水位等），计算出差值，业务人员可以根据其差值大小判断工程变化情况或安全状况，采取适当的应对措施。

数据提取：本系统自动提取工程安全监测自动化系统的测量数据；可以提取视频监视系统录制的工程图像、水情遥测系统的水位数据和水量调度系统的引水数据。

数据传送：授权用户可将本辖区工程安全状况传送给防汛、水调系统和上级部门。

报表、文档打印：授权用户能够打印各种报表或文档资料。

文件处理：授权用户能够利用本系统处理上传下达业务文件（例如各种月报、年报、维护方案报批等），包括文件的编辑、审核、审批和文件的接收、发送。

自动报警：工程维护管理人员将工程险情报警信息输入本系统后，系统立即报警并将报警信息传给上级系统和有关用户终端，在用户开机时立即给出声光报警提示。报警时限为 24 h，超时后系统自动解除警报。

数据维护：系统管理员能够实现对本系统数据库的维护和数据备份。

权限管理：系统管理员能够对使用者按用户业务范围和级别授予不同的权限，保证系统运行安全。

数据录入与删除：只有获得数据编辑权的用户在显示自己权限范围内的信息列表时，列表上方出现"增加"、"删除"按钮。用鼠标点击"增加"按钮用户进入编辑页面，可以编辑新文件，增加一条新记录。如果选中一条记录，用鼠标点击"删除"按钮，系统要求用户确认是否真的要删除记录，如果用户回答"确认"，选中的记录将从数据库中删除。

数据修改：只有获得数据编辑权的用户在查询自己权限范围内的信息时，其页面上出现"编辑"、"存盘"按钮，用鼠标点击"编辑"按钮用户可以修改所显示的信息内容。修改完后用鼠标点击"存盘"按钮，系统将用修改后的信息替换数据库中原来的记录。如果用户修改后没有存盘直接退出，系统将提示是否保存修改，回答"保存"将替换原有记录，修改生效。如果回答"退出"，修改无效，原有记录内容不变。

用户只能修改本级系统临时数据库中的数据，数据一旦存入上级系统永久数据库后就不能再修改，如果发现错误只能由上级系统授权人员修改，并在备注栏说明更改原因。

第3章 防洪工程维护管理
系统总体方案设计

3.1 体系架构

  黄河工程维护管理系统在"数字黄河"工程的框架下开发建设,本项目建设任务主要是在已经建设完成的通信系统、计算机网络、数据存储基础上进行应用软件系统建设。

  黄河工程维护管理系统是一个覆盖全河的多层次分布系统,根据"统一监测,分级管理"的原则,按黄委的管理体制和运行机制,可分为黄委、省、地(市)和县四级管理。"数字建管"系统物理架构示意图见图3-1。

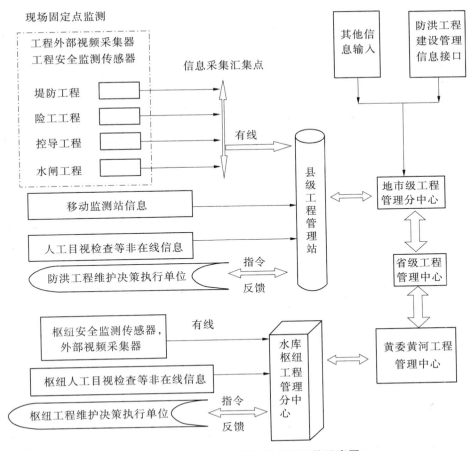

图 3-1 "数字建管"系统物理架构示意图

黄委设黄河工程管理中心,省级设河南黄河工程管理中心和山东黄河工程管理中心,各地(市)设相应的管理分中心,县级设黄河工程管理站。三门峡、小浪底、故县水库枢纽工程监测中心,三门峡库区山西、陕西、三门峡市管理局,小北干流陕西、山西黄河河务局设地(市)级黄河工程管理分中心直接对黄委工程管理中心负责。此外,为便于对上中游地区在建工程进行管理,特在黄河中游管理局另设一工程管理分中心。根据黄委工程管理业务现状,该项目建设中仅考虑黄委、省级工程管理中心硬件环境建设,市级以下工程管理中心与防汛中心结合,不再另行建设。

3.2 软件架构

从分析黄河防洪工程维护管理现代化的业务需要入手,针对工程维护管理工作中需要解决的技术问题,充分考虑现实的可能性与未来发展趋势,贯彻"先进实用、快速准确,应用牵引、关键突破、试点引路、逐步实施"的指导思想。从工程维护管理信息高质量采集入手,依靠"数字黄河"工程构建的公用平台,全面实现工程维护管理的信息化,以信息化带动黄河工程管理的现代化。

鉴于现代计算机技术的发展和防洪工程维护管理系统的建设要求,同时考虑建设经费、开发时间、网络基础、办公效率和以往类似系统的开发经验,在黄委计算机网络系统的基础上,通过计算机软件开发,实现工程维护管理。防洪工程维护管理信息系统采用当前流行的三层模式 B/S 结构为主,辅助以适当的 C/S 结构,以满足不同用户对象的业务需求。如工程信息查询和统计可采用 B/S 结构的 Web 浏览器方式,用户可通过局域网和广域网,经过身份认证,实现黄河防洪工程基础信息的可视化查询和移动查询。而与防洪工程维护管理相关的业务处理及在线实时安全监测预警,可根据需求,本着先进实用的原则,采用 B/S 和 C/S 相结合的方式,实现工程管理维护信息处理的方便快捷。防洪工程维护管理系统各子系统开发模式见表 3-1。

表 3-1   各子系统开发模式说明

子系统名称	开发模式	说明
工程基础信息管理子系统	B/S + C/S	ASP. NET
工程维护比选方案形成子系统	B/S + C/S	ASP. NET
工程维护动态管理子系统	B/S	ASP. NET
工程显示多媒体子系统	B/S	ASP
安全检测子系统	B/S	ASP. NET
涵闸评估子系统	B/S	ASP. NET

按照"数字黄河"工程建设的统一部署及建设原则,数据库建设采用大型关系数据库管理系统 ORACLE,数据采用集中存储方式,黄委工程管理中心的数据存放在黄河数据中心,由黄委建管局及数据中心共同负责管理维护,内容为黄河下游所有工程的基本数据、

工程动态管理数据、实时安全监测数据等。

3.2.1 总体框架

防洪工程维护管理系统是一个基于防洪工程基础信息,服务于工程维护管理,为工程维护决策提供支持的信息系统。系统的所有基础数据存放在黄河数据中心,系统的总体结构为三层架构体系的工程管理维护业务支撑系统。逻辑上该系统分为基于数据中心的基础数据层、应用服务层、应用表示层,如图 3-2 所示。

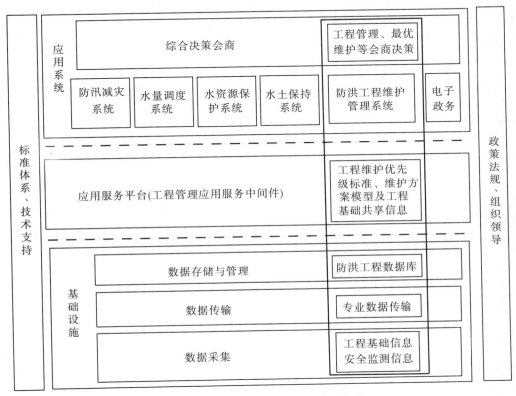

图 3-2　防洪工程维护管理系统总架构

3.2.1.1 基础数据层

基础数据层是黄河防洪工程维护管理系统建设的基础。其功能是:根据黄河工程建设与管理现代化的业务需求,通过完善黄河防洪工程的监测体系,广泛地采集工程维护管理所需的各类信息,通过覆盖整个黄河的通信网络,快捷、实时地将采集的数据传输到数据存储与管理系统。

基础数据层包含了系统所有的数据采集与存储,分为工程基础数据和地理信息数据。工程基础数据包括堤防、河道整治、水闸(虹吸)、水利枢纽及蓄滞洪工程分布位置、技术经济指标、工程地质、工程结构及运用条件,工程安全普查资料、管理动态、工程实时安全监测信息等。地理信息数据主要包括黄河下游基础空间数据和专题图数据。

3.2.1.2 应用服务层

应用服务层是基于基础数据库系统的工程维护管理业务实体存在的层面。该层逻辑上分为工程基础信息管理、工程维护决策支持、工程维护动态信息管理和多媒体管理等。这些业务逻辑基于黄河数据中心数据库和黄河下游基础地理信息系统之上,采用面向对象的思想和组件化开发。这些业务逻辑是相对独立的,它们可分布于一台或多台主机(服务器)上,用户可选择其中的一种或几种功能,也可通过修改或增加新的业务应用组件,进一步完善系统功能。

应用服务层是防洪工程维护管理系统的重要支撑。其具体内容包括有:工程安全评估模型、工程最优化维护决策模型、工程安全专家知识库、工程安全标准体系库、基本工程安全信息数据等。

3.2.1.3 应用表示层

在应用表示层,用户或操作者可通过电脑等以 Web 或三维 WebGIS 界面、GUI 界面等进行接入,根据权限和分工来完成不同的工程管理业务操作和工程信息查询,为工程维护管理服务。

3.2.2 系统划分

搞好防洪工程维修养护与除险加固,保持工程完整,提高工程强度是工程管理的中心任务和重要职责,通过对工程维修养护、除险加固,维持和提高工程防洪能力,保持工程完整和面貌完好,追求防洪工程管理效益的最大化。防洪工程维护管理系统包括工程基础信息管理、工程维护决策支持、工程维护动态管理、工程多媒体信息管理、安全监测及安全评估 6 部分,详见图 3-3。

3.3 系统部署策略

本项目选择 Windows Server 2003 作为服务器平台,其他操作系统如 Windows Server 2000、Windows Server 2008 等安装过程与此类似。但安装部署过程不保证完全相同。

3.3.1 安装 IIS

(1)点击【开始】→【控制面板】→【添加或删除程序】,如图 3-4 所示。

(2)点击【添加/删除组件】,如图 3-5 所示。

(3)勾选【应用程序服务器】,选择【Internet 信息服务(IIS)】,如图 3-6 所示。

注意:如果 Windows Server 2003 的补丁版本为 SP2,则如图 3-7 所示。

在安装 IIS 时,则需要首先选择【ASP.NET】,选择该选项后会自动勾选 IIS,如图 3-8 所示。

(4)将 Windows Server 2003 的系统盘放入光驱内,安装程序会自动从系统盘内加载该组件。

(5)至此,Windows Server 2003 系统上的 IIS 组件安装完毕。

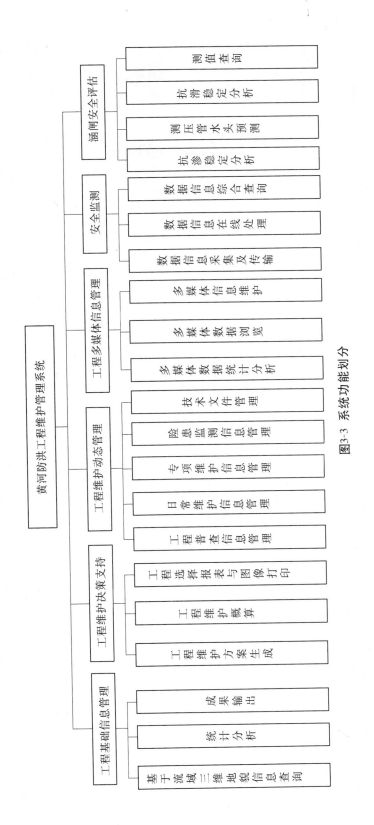

图3-3 系统功能划分

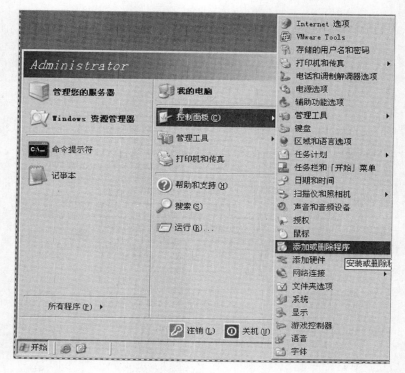

图 3-4　IIS 安装(一)

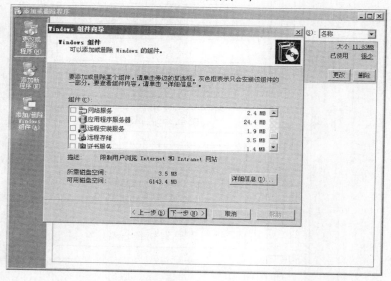

图 3-5　IIS 安装(二)

3.3.2　ArcIMS 安装

(1)安装配置环境:Windows Server 2003,ArcIMS9.0,IIS6,Servlet Exec4.1.1,j2sdk - 1
_4_2 - windows - i586。

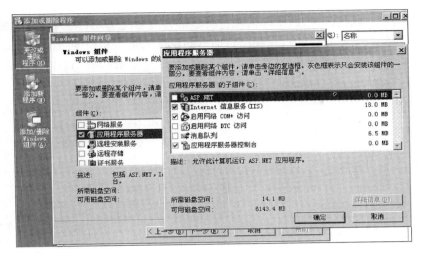

图 3-6　IIS 安装(三)

图 3-7　IIS 安装(四)

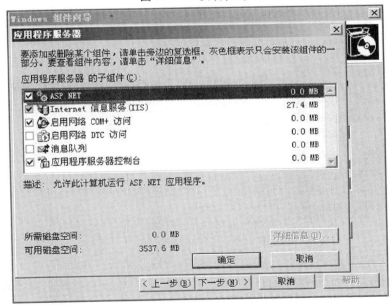

图 3-8　IIS 安装(五)

(2)安装 JavaSdk,如图 3-9 和图 3-10 所示。安装路径 D:\j2sdk1.4.2(后面的参数都

以此为例,安装时可根据自己的实际情况进行改动),安装完 j2sdk 后,右击【我的电脑】→
【属性】→【高级】→【环境变量】,在弹出对话框的系统变量中新建变量 java_home;其值为
D:\j2sdk1.4.2(这就是 jdk 的安装位置)。另外,在系统变量 path(这个变量不用自己新
建)的值后面添加"%java_home%\bin;"(注意还有个分号)。

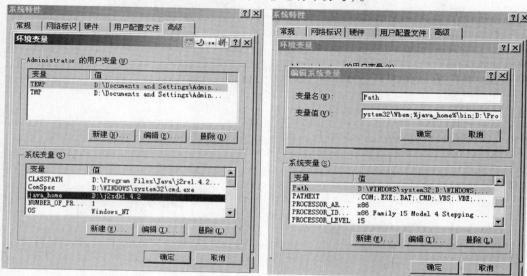

图 3-9　JavaSdk 安装(一)　　　　　　　　　图 3-10　JavaSdk 安装(二)

(3)安装 Servlet Exec4.1.1,需要事先将 IIS 服务停掉。如果安装成功,从【开始】→
【程序】→【NetAtlanta】打开会看到图 3-11 的界面:

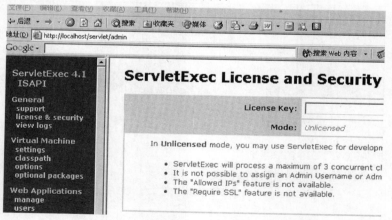

图 3-11　ArcIMS 安装(一)

(4)基本环境配置完了以后,重新启动电脑,然后开始安装 ArcIMS。

ArcIMS 的安装可以不做任何修改,按照默认值安装,也可自行设定安装目录,ArcIMS
安装完成后,从【开始】→【程序】→【ArcIMS】→【ArcIMS Post Installation】之后的操作见
图 3-12。

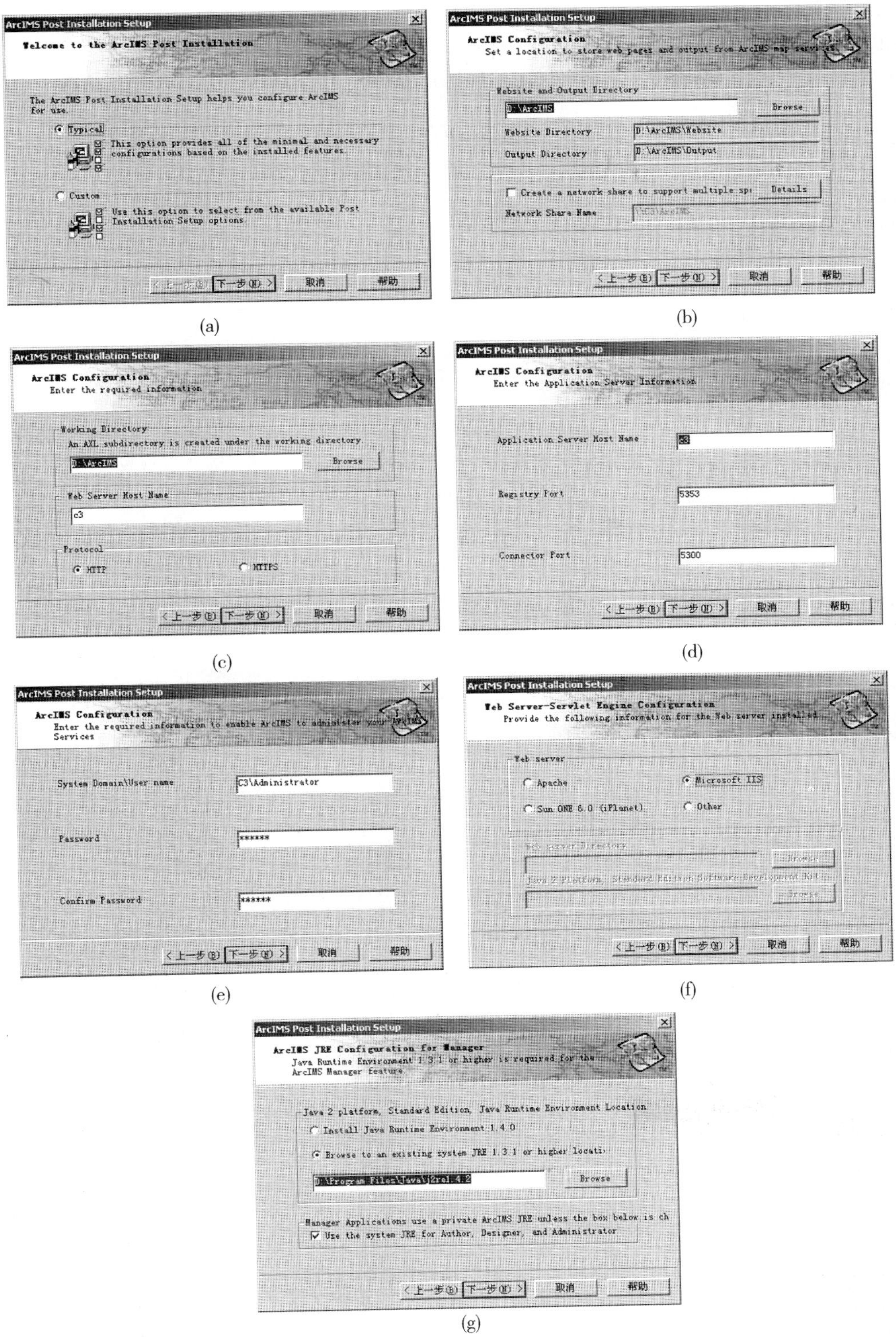

图 3-12　ArcIMS 的安装(二)

在下一步的 Servlet Engine 选择 Servlet Exec4. 1. 1,点 Browse 找到前面安装 Servlet4. 1. 1 的安装目录,如图 3-13 和图 3-14 所示。

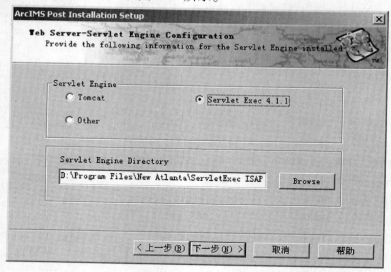

图 3-13　Servlet4. 1. 1 的安装(一)

图 3-14　Servlet4. 1. 1 的安装(二)

到此为止,整个环境都配置完毕,重新启动 IIS 服务和 ArcIMS 服务。如果服务无法启动,请详细阅读以上文档,并重复以上安装步骤。

3.3.3　Web 服务部署

防洪工程维护管理系统 Web 服务分为两部分,工程基础信息管理子系统、工程维护比选方案形成子系统、工程显示多媒体子系统采用 Asp 开发,部署到一台服务器上;工程维护动态管理子系统、安全监测子系统、涵闸安全评估子系统采用 Asp. net 开发,部署到一台服务器上;ArcIMS 单独部署到一台服务器上,提供 GIS 服务。整体部署如图 3-15 所示。

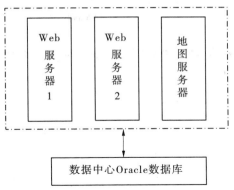

图 3-15　防洪工程维护管理系统服务部署图

其中 Web 服务器 1 上安装 IIS6,Asp 服务,运行工程基础信息管理子系统(业务流程部分)、工程维护比选方案形成子系统、工程显示多媒体子系统三个子系统;Web 服务器 2 上安装 IIS6,Asp. net 服务,运行工程维护动态管理子系统、安全监测子系统、涵闸安全评估子系统;地图服务器安装 ArcIMS9 + IIS6,运行工程基础信息管理子系统地图相关服务。

3.3.3.1　Web 服务器 1

在 Web 服务器 1 上安装 IIS6 + oracle 客户端程序,并设置 Asp 服务。将发布后的程序文件复制到 wwwroot 目录下,重新启动 IIS 服务即可。

3.3.3.2　Web 服务器 2

在 Web 服务器 2 上安装 IIS6 + oracle 客户端程序,并设置 Asp. net 服务。将发布后的程序文件复制到 wwwroot 目录下,重新启动 IIS 服务即可。

3.3.3.3　地图服务器

在地图服务器上安装 IIS6 + ArcIMS9,将数据库文件(GeoDatabase 文件)xydb. mdb 和地图文档 fhgcwh. axl 复制到 ArcIMS 安装目录下的 AXL 子目录中;将发布后的程序文件复制到 wwwroot 目录下,重新启动 IIS 服务即可。

3.3.4　Skyline TerraGate 安装部署

(1)运行安装程序。在安装过程中,无需修改参数,均选择默认值,即可完成 TerraGate 的安装。

(2)打开安装目录(假设安装的目录为:C:\Program Files\Skyline\TerraGateManager),运行"TerraGateManager. exe",即可进入 TerraGateManager 的设置程序,如图 3-16 所示。

(3)设置 TerraGate。选择菜单"Settings"中的"TerraGate",打开如图 3-17 所示的对话框。

(4)在"General"页,设置"IP Address"和"TCP Port",IP Address 可用默认的"(All Addresses)",端口号可用 81(用未使用的端口)。

在"Terrain Database Directories"页设置如图 3-18 所示。

点击"Add"按钮,添加 MPT 文件所在的目录。

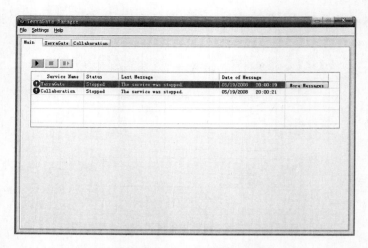

图 3-16　Skyline TerraGate 的安装部署(一)

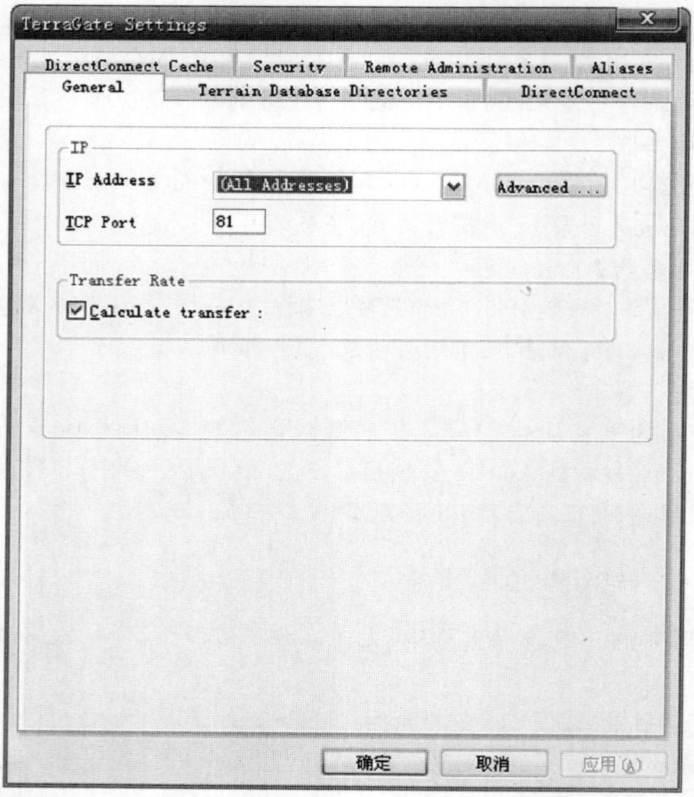

TerraGate Settings

DirectConnect Cache	Security	Remote Administration	Aliases
General	Terrain Database Directories		DirectConnect

IP

IP Address　　(All Addresses)　　Advanced ...

TCP Port　　81

Transfer Rate

☑Calculate transfer :

确定　　取消　　应用(A)

图 3-17　Skyline TerraGate 的安装部署(二)

　　设置 Collaboration:选择菜单"Settings"中的"Collaboration",打开如图 3-19 所示的对话框。

　　设置"IP Address"和"TCP Port"。IP Address 可用默认的"(All Addresses)",端口号可用 82(用未使用的端口),启动服务,如图 3-20 所示。

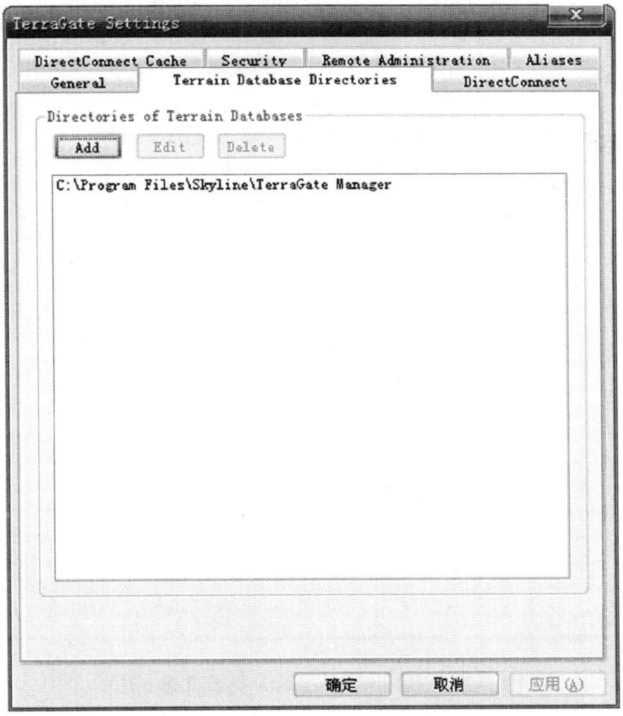

图 3-18　Skyline TerraGate 安装部署(三)

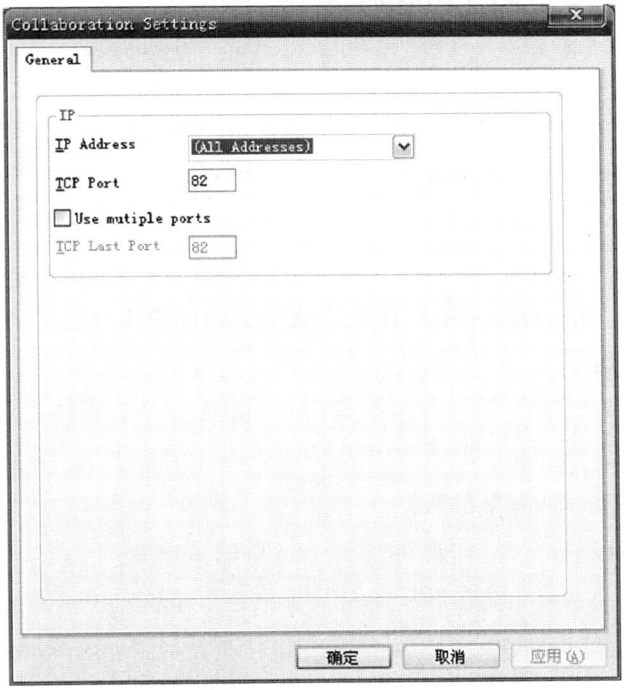

图 3-19　Skyline TerraGate 安装部署(四)

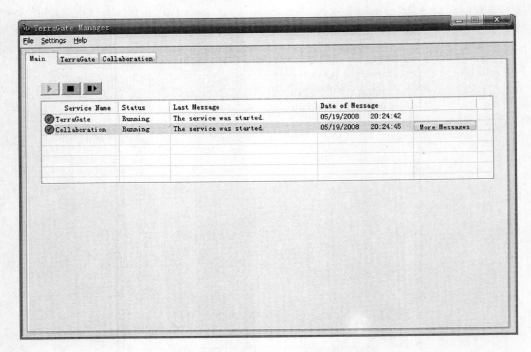

图 3-20　Skyline TerraGate 安装部署(五)

3.4　县(区)级工程管理站建设

每个县级黄河河务局设置一个工程管理站,共设有 69 个县级工程管理站,其中山东河段设 30 个站,河南河段设 21 个站,小北干流及三门峡库区设 18 个站。县级工程管理站主要负责所辖河段防洪工程监测系统的运行和管理。

3.4.1　功能

(1)数据采集。利用数据采集软件采集所辖区内防洪工程传感器的数据信息,包括定时、实时、随机采集。

(2)录入人工或半自动化采集的数据信息,包括人工巡视检查信息、物探、测量等信息。

(3)初步校核、验证所采集的数据信息。

(4)数据初步处理和存储,作短期档案,存入临时数据库。

(5)预警报警,当实时监测参数量值及其变化速率超越监控值限或出现其他异常时,发出不同级别的预警报警信号。

(6)工程管理信息查询并显示。

(7)工程管理信息上传下达。

（8）做授权范围内的工程安全评估。

（9）做授权范围内的工程维护方案。

（10）工程管理日志生成。

（11）为上级工程管理中心服务。

3.4.2　硬件配置

根据黄委工程管理业务现状,本系统建设中仅考虑黄委、省级工程管理中心硬件环境建设,县(区)级工程管理站与防汛中心结合,其他不再另行建设。

3.5　地(市)级工程管理分中心建设

每个地(市)级黄河河务局设置一个工程管理分中心。本规划共设有 23 个地(市)级工程管理分中心,其中山东河段设 8 个分中心,河南河段设 6 个分中心,小北干流及三门峡库区设 5 个分中心,三门峡、小浪底、故县水利枢纽管理局各设 1 个工程管理分中心,黄河上中游局设 1 个工程管理分中心。

3.5.1　功能

（1）对县级管理站上报的信息进行校对及输入永久数据库。

（2）数据处理和存储。建立历史、实时数据库,存储所辖堤段的各类数据信息,为防洪工程的安全状况评判、预报提供依据。

（3）在建防洪工程建设管理信息和工程竣工验收资料录入。

（4）分布式数据库管理维护,保证数据库的安全运行。

（5）工程管理信息查询并显示。工程管理信息能够基于 GIS,分别以音像、文本、图表和三维虚拟现实方式显示,随时查询辖区内县级工程管理站和上级的指令信息,能实现与省级中心进行声音、数据、实时图像信息双向交流的功能。

（6）工程管理信息上传下达。

（7）预警报警,当实时监测参数量值及其变化速度超越监控值限或出现其他异常时,发出不同级别的预警报警信号。

（8）做授权范围内的工程安全评估。根据"数字黄河"信息服务平台所提供的预报模型和安全评判标准,对所辖堤段防洪工程安全状况做出评判,对发展状况做出预报,并为防洪调度、水量调度以及工程除险加固、维修养护提供决策依据。

（9）做授权范围内的工程维护方案。

（10）定期编制辖区防洪工程安全状况评估报告。

（11）为上级工程管理中心服务。

3.5.2 硬件配置

根据黄委工程管理业务现状,本系统建设中仅考虑黄委、省级工程管理中心硬件环境建设,地(市)级工程管理分中心与防汛中心结合,不再另行建设。

3.6 省级工程管理中心建设

河南、山东黄河河务局各设一个省级工程管理中心,负责全省工程管理的工作。

3.6.1 功能

(1)收集防洪工程各类数据信息,为防洪工程的安全评估、预报提供依据。

(2)建立数据信息库,包括数据库、图形库、图像库,对数据进行全面的管理和分析处理。

(3)工程管理信息查询并显示。工程管理信息能够基于 GIS,分别以音像、文本、图表和三维虚拟现实动画方式显示,随时查询地(市)级工程管理分中心、县级工程管理站的信息,能实现与黄委中心站和下级分中心(站)进行声音、数据、实时图像信息双向交流的功能。

(4)工程管理信息上传下达。

(5)做授权范围内的工程安全评估。

(6)重要工程维护方案生成。

(7)进行省辖区内防洪工程安全度汛风险分析,提出各级安全报警指标。

3.6.2 硬件配置

省工程管理中心设置会商、中央控制、决策支持三个功能区,总面积为 120 m²,其中会商区 80 m²,中央控制区 20 m²,决策支持区 20 m²。其隶属于省局建设与管理处。

3.6.2.1 会商区

(1)设置 1 套大屏幕显示系统,各个屏幕显示的信息可相互切换。分辨率达到高清晰度电视效果(1 600×1 280)。

(2)电视会商系统。

(3)与黄委管理中心站及地(市)级工程管理分中心、县级工程管理站进行声音、数据、实时图像信息双向交流的功能及相应硬件。

(4)音视频信息处理系统。

(5)视频电话、呼叫系统。

(6)会议全程记录系统。

（7）决策命令传达系统。

3.6.2.2 中央控制区

（1）实现实时信息采集传输系统、会商支持系统、GIS 河道、防洪工程三维仿真系统等集中控制设备。

（2）各种功能的交换、调度、监控设备。

（3）防尘、防潮、防静电等设施。

3.6.2.3 决策支持区

（1）高速并行计算机，能快速运行复杂的系统和模型。

（2）2 台工作站，2 台笔记本电脑，4 台计算机，可同时运行 4 个与工程安全评估、工程最优化维护会商决策相关的系统或模型。计算机能在各系统间相互切换，任何 1 台计算机的信息能在会商室的大屏幕上自由切换。

（3）数据热备份设备。

3.7 黄委工程管理中心建设

黄委工程管理中心作为流域工程管理主管部门，负责指导全流域的工程管理工作。该中心集数据采集、管理、分析计算、安全评估、预报、决策于一体，是黄河防洪工程管理信息处理、工程安全评估、除险加固及维修养护决策，工程管理目标考评的中枢。

3.7.1 功能

（1）汇集防洪工程各类数据信息，为防洪工程的安全状况评判、预报提供依据。

（2）建立大型数据信息库，包括数据库、图形库、图像库，对数据进行全面的管理和分析处理。

（3）建立各种工程管理模型，并对下级模型进行率定。

（4）建立法规库、标准库和专家知识库。

（5）工程管理信息查询并显示。工程管理信息能够基于 GIS，分别以音像、文本、图表和三维虚拟现实动画方式显示，随时查询各省级工程管理中心、地（市）级工程管理分中心、县级工程管理站的信息，能实现与下级中心进行声音、数据、实时图像信息双向交流的功能。

（6）进行防洪工程安全度汛风险分析，提出各级安全报警指标。

（7）重要工程安全评估。

（8）大型工程维护方案生成。

（9）定期或依据需要发布防洪工程安全状况评估报告。

（10）作为工程安全管理决策支持中心，利用所制定的安全准则、监控指标、规程规范及评价标准所构建的决策环境，对全河范围内工程安全预报模型的计算结果进行综合分析，对建筑物的安全状态做出切合实际的评价和预报，为工程维护、加固及其他治黄业务服务。

3.7.2 硬件配置

黄委工程管理中心设置会商、中央控制、决策支持三个功能区，总面积为 160 m^2，其中会商区 100 m^2、中央控制区 30 m^2、决策支持区 30 m^2。其隶属于黄委建设与管理局。

3.7.2.1 会商区

设置 4 套大屏幕显示系统，各个屏幕显示的信息可相互切换。分辨率达到高清晰度电视效果(1 600×1 280)。

（1）作为主会场召开电视会议的系统。

（2）与省级工程管理中心、地(市)级工程管理分中心和县级工程管理站进行声音、数据、实时图像信息双向交流的功能及相应硬件。

（3）音视频信息处理系统。

（4）视频电话、呼叫系统。

（5）会议全程记录系统。

（6）辅助(自动)汇报系统。

（7）决策命令传达系统。

（8）文件自动接收处理，对重要文件有提示功能。

3.7.2.2 中央控制区

（1）实现实时信息采集传输系统、会商支持系统、GIS 河道、防洪工程三维仿真系统等集中控制设备。

（2）各种功能的交换、调度、监控设备。

（3）防尘、防潮、防静电等设施。

3.7.2.3 决策支持区

（1）高速并行计算机，能快速运行复杂的系统和模型。

（2）3 台工作站、2 台笔记本电脑、6 台计算机，可同时运行 6 个与工程安全评估、工程最优化维护会商决策相关的系统或模型。计算机能在各系统间相互切换，任何 1 台计算机的信息能在会商室的大屏幕上自由切换。

（3）数据热备份设备。

（4）数据异地备份设备。

3.8 移动监测站建设

黄委工程管理中心下设1个移动监测站,可机动监测和采集防洪工程建设管理信息、运行管理信息和工程自身安全信息,以弥补固定采集设备数量不足而造成信息采集空白的缺陷。

3.8.1 功能

(1)具有快速完成现场工程测量功能,如水位、流量、温度、渗流量等;

(2)具有快速完成现场工程探测功能,如工程隐患探测等;

(3)具有较强的数据处理能力,能进行野外定位和信息快速传送;

(4)具有音频、视频播放功能;

(5)具有会商记录功能;

(6)具有辅助汇报功能;

(7)具有决策命令传达功能;

(8)能实现与工程管理中心、分中心进行虚拟现实会商功能;

(9)具有后勤服务功能,包括供电、温控、生活保障等;

(10)监测台和监测仪器有较强的抗震能力。

3.8.2 硬件配置

移动监测站由运载车辆和各功能系统设施组成,各功能系统设备配备为:

(1)监测探测系统。包括可视化监视探头,水位、流量、温度、渗流量测量仪器,工程隐患探测仪器。

(2)辅助测试设备。包括等比例采样器、GPS定位仪等。

(3)数据处理及会商设备。包括1个液晶显示器(43″)、2台笔记本电脑、1台数据存储设备、1台数据传输设备等。

(4)供电系统。包括5 kVA发电机、2个60~120 Ah蓄电池、45 A交直流转换器(带充电器)、电气系统控制盒、220 V输出插座、50 m外接电缆(线卷)。

(5)供排水系统。包括不锈钢水槽(带潜水泵)、容量25 L的清水桶和污水桶各1个。

(6)空调系统。包括顶式冷暖空调、车顶排气装置。

(7)安全防护系统。包括急救箱、灭火器。

(8)附属设备。包括监测平台、数据处理及仪器台、监测设备存放橱、仪器固定装置、资料档案柜等。

(9)生活保障设备。

3.9 系统主要界面设计

3.9.1 功能

系统界面是基于 ESRI 的 ArcGIS 软件建立的,它是各个应用子系统与用户之间的桥梁,集成开发各项应用程序的调用界面和系统管理界面。

系统界面是系统的运行控制平台,它全面控制整个系统的各种功能,包括各子系统之间的信息交换、输入、输出、信息管理、辅助决策、系统帮助、系统维护等。根据用户或操作人员的需要和权限,调用系统中的有关程序或功能。

3.9.2 系统界面设计与结构

系统界面表现为系统的控制菜单,基于 ArcGIS 的软件环境下开发。通过各种数据接口的开发,建立各种数据库之间的有机联系。通过各种控制接口的开发,总控程序将各子系统功能模块集成起来,形成可实际运行的软件系统。界面采用 Windows 界面风格,在 Windows 2003 环境下,采用面向对象的程序设计方法开发,数据访问控制采用基于 Internet 或 Intranet 的 B/S 工作模式。人机交互式操作性强,可视化程度高。

3.9.2.1 基础信息查询界面

防洪工程维护管理系统基础信息基于黄河流域三维地貌的工程基础信息查询界面,如图 3-21 所示,主要包括以下四个功能区:

图 3-21 基于黄河流域三维地貌的工程基础信息查询界面

（1）三维地图信息导航：本功能区域实现二、三维信息图层的控制，动态叠加各类工程矢量要素，进行预设观测点的导航。

（2）系统功能文字导航：通过本功能区域导航树可快速进入防洪工程维护管理系统的各个子系统及功能模块。

（3）三维地图操作控制：本功能区域完成对三维地图的操作控制，如三维地图的放大、缩小、移动、测距、面积量测、场景截图等。

（4）三维地图显示查询：本功能区域显示三维地图，实现基于黄河流域三维地貌的防洪工程信息查询等操作。

3.9.2.2 工程维护决策界面

防洪工程维护管理系统工程维护决策界面如图 3-22 所示，针对不同的工程类型提供各种维护项目，分级别查询索引。根据维护项目不同点选出具体维护方案的名称，可进入维护方案具体实施步骤界面，此界面详细描述维护方案具体实施的操作步骤及操作细节，通过此界面还可切入到定额投资设置和投资预算生成界面，分别用于修改设置此维护方案所需物料、人工投资定额和自动计算生成此维护方案投资预算表格。

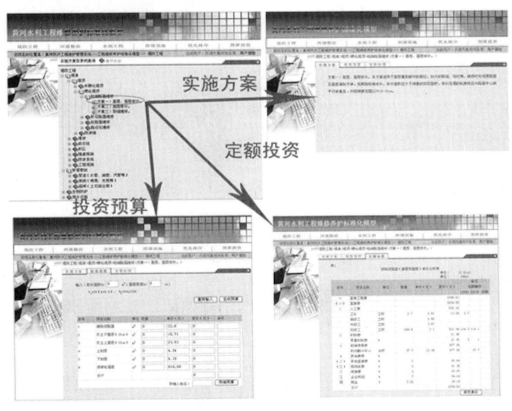

图 3-22　工程维护决策界面

3.9.2.3 工程多媒体信息管理界面

防洪工程维护管理系统多媒体信息管理界面如图 3-23 所示,针对不同类型,提供各个级别管理单位多媒体信息的查询统计。其具体内容包括工程照片、视频影像和 PPT,点击各类型多媒体信息名称可进入多媒体信息查询界面,此界面详细统计并显示了各个级别管理单位录入管理的多媒体信息,通过多媒体信息列表可进一步具体查询各个类型多媒体信息的详细内容,包括录入时间、所属管理单位等。

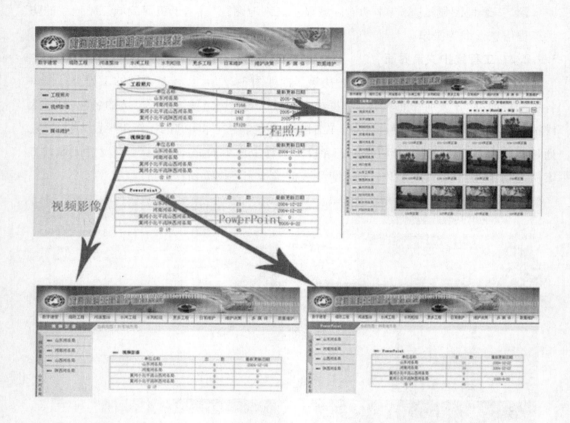

图 3-23 工程多媒体信息管理界面

3.9.2.4 安全监测界面

将界面划分多个功能区域,监测站点布设、实时数据接收显示区、历史数据查询区、曲线图绘制区及柱状图绘制区,如图 3-24 所示。

3.9.2.5 安全评估界面

安全评估数据及图形显示界面,根据业务需求划分为输入区及显示区两大部分,如图 3-25所示。在输入区输入相关数据,显示评估结果;在显示区可以查询历史测值,同时根据测值绘制测值过程线。

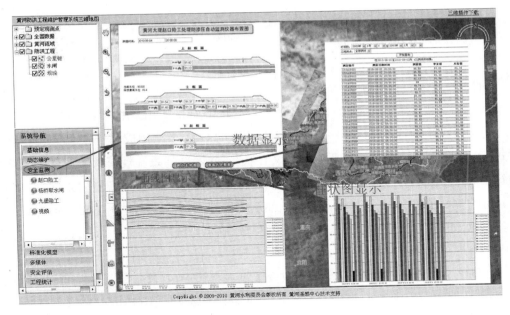

图 3-24　安全监测数据接收及显示界面

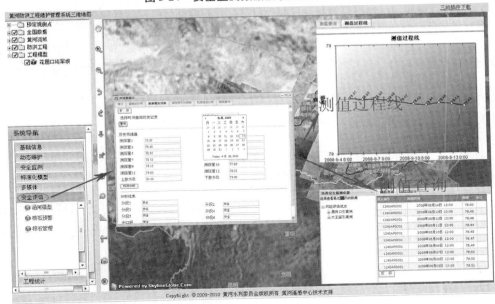

图 3-25　安全评估数据及图形显示界面

3.10　系统总体集成

　　系统集成就是把一组满足特定需求并经过优化搭配而挑选出的各种必需组成,通过合理、科学的方法整合为一体的一系列实践活动。系统集成应该考虑的要素有:

（1）满足客户需求的前提；

（2）科学合理地搭配设计；

（3）快速有效地实施整合；

（4）高效稳定的系统整体。

明确了这些要素，才可能为客户提供一个完善、优质的应用系统。

防洪工程维护管理系统是一个结构十分复杂的系统，各个组成部分的运行环境、开发方式、运行方式、面向的用户等既有区别又有联系；随着软件系统规模及软件系统复杂度的日益增长，保证软件系统的开发质量不仅是保证软件系统在实际环境中正常、稳定、安全运行的重要手段，而且也是保证整个软件系统按照确定的实施方案正常实施的重要手段。因此，如何将各个组成部分进行有机的集成，确保系统安全、高效的运行，是一个在开发中必须给予高度重视的问题。

在网络与信息化的今天，系统集成改变了过去架构简单、功能单一的特点，转向了基于 Internet 架构的集成方式。通过 Web 提供的统一网络访问接口，可以实现用户对信息的实时访问，使得不同部门、不同地域的人和组织可以方便地实时协同。

系统总体集成完成防洪工程维护管理系统各个子系统的集成，主要包括系统信息门户建立，实现系统中各个子系统在系统门户上的挂接与纳入统一管理，开发调用 Web 服务器 1、Web 服务器 2、地图服务器的公共接口，使防洪工程维护管理系统成为一个有机的整体。

3.10.1　总体集成原则

计算机系统集成应分成以下三个部分来进行。

3.10.1.1　系统方案设计要求

不同的信息系统之间区别很大，对不同行业、不同应用的计算机信息系统都要做出一个详细的系统设计方案。首先要进行详细的调查分析，以书面的形式列出系统需求，供相关人员讨论，然后才能确定系统的总体设计内容和目标。

1）设计目标

这是系统需要达到的性能，如系统的管理内容和规模，系统的正常运转要求，应达到的速度和处理的数据量等。

2）设计原则

这是我们设计时要考虑的总体原则，它必须满足设计目标中的要求，遵循系统的整体性、先进性和可扩充性原则，建立经济合理、资源优化的系统设计方案。

（1）先进性原则。

采用当今国内、国际上最先进和成熟的计算机软硬件技术，使新建立的系统能够最大限度地适应今后技术发展变化和业务发展变化的需要,从目前国内发展来看,系统总体设计的先进性原则主要体现在以下几个方面。

①采用的系统结构应当是先进的、开放的体系结构。

②采用的计算机技术应当是先进的,如双机热备份技术、双机互为备份技术、共享阵列盘技术、容错技术、RAID 技术等集成技术、多媒体技术。

③采用先进的网络技术,如网络交换技术、网管技术,通过智能化的网络设备及网管软件实现对计算机网络系统的有效管理与控制;实时监控网络运行情况,及时排除网络故障,及时调整和平衡网上信息流量。

④先进的现代管理技术,以保证系统的科学性。

(2)实用性原则。

实用性就是能够最大限度地满足实际工作要求,它是每个信息系统在建设过程中所必须考虑的一种系统性能,也是自动化系统对客户最基本的承诺。所以,从实际应用的角度来看,这个性能更加重要,为了提高办公自动化和管理信息系统中系统的实用性,应该考虑如下几个方面。

①系统总体设计要充分考虑用户当前各业务层次、各环节管理中数据处理的便利性和可行性,把满足用户业务管理作为第一要素进行考虑。

②采取总体设计、分步实施的技术方案,在总体设计的前提下,系统实施中可首先进行业务处理层及管理中的低层管理,稳步向中高层管理及全面自动化过渡,这样做可以使系统始终与用户的实际需要紧密连在一起,不但增加了系统的实用性,而且可使系统建设保持很好的连贯性。

③全部人机操作设计均应充分考虑不同用户的实际需要。

④用户接口及界面设计将充分考虑人体结构特征及视觉特征进行优化设计,界面尽可能美观大方,操作简便实用。

(3)可扩充、可维护性原则。

根据软件工程的理论,系统维护在整个软件的生命周期中所占的比重是最大的,因此,提高系统的可扩充性和可维护性是提高管理信息系统性能的必备手段,建议:

①以参数化的方式设置系统管理硬件设备的配置、删减、扩充、端口设置等,系统地管理软件平台,系统地管理并配置应用软件;

②充分考虑应用软件采用的结构和程序模块化构造,使之获得较好的可维护性和可移植性,即可以根据需要修改某个模块、增加新的功能及重组系统的结构,以达到程序可重用的目的;

③数据存储结构设计在充分考虑其合理、规范的基础上,同时具有可维护性,对数据库表的修改维护可以在很短的时间内完成;

④系统部分功能考虑采用参数定义及生成方式以保证其具备普通适应性；

⑤部分功能采用多级处理选择模块以适应管理模块的变更；

⑥系统提供通用报表及模块管理组装工具，以支持新的应用。

（4）可靠性原则。

系统每个时刻都要采集大量的数据并进行处理，因此任一时刻的系统故障都有可能给用户带来不可估量的损失，这就要求系统具有高度的可靠性。常用来提高系统可靠性的方法如下：

①采用具有容错功能的服务器及网络设备，选用双机备份、Cluster 技术的硬件设备配置方案，出现故障时能够迅速恢复并有适当的应急措施。

②每台设备均考虑可离线应急操作，设备间可相互替代。

③采用数据备份恢复、数据日志、故障处理等系统故障对策功能。

④采用网络管理、严格的系统运行控制等系统监控功能。

（5）安全保密原则。

系统的总体设计必须充分考虑安全保密措施：

①服务器操作系统平台最好基于 UNIX，Windows，Linux 等，数据库可以选用 Informix，Oracle，Sybase，DB2 等，这样可以使系统处于 C2 安全级基础之上。

②采用操作权限控制、设备钥匙、密码控制、系统日志监督、数据更新严格凭证等多种手段防止系统数据被窃取和篡改。

（6）经济性原则。

在满足系统需求的前提下，应尽可能选用价格便宜的设备，以便节省投资，即选用性能价格比优秀的设备。

3.10.1.2　网络系统方案

1）网络操作系统及数据库方案

（1）网络操作系统方案。

网络操作系统的选用应该能够满足计算机网络系统的功能要求、性能要求，一般要做到网络维护简单，具有高级容错功能，容易扩充和可靠，具有广泛的第三方厂商的产品支持、保密性好、费用低的网络操作系统。

（2）网络数据库方案。

这包括两方面的内容：即选用什么数据库系统和据此而建的本单位数据库。它们是信息系统的心脏，是信息资源开发和利用的基础。目前流行的主要数据库系统有 Oracle，Informix，Sybase，SQL Server，DB2 等，这些数据库基本上都能满足以上要求。在建立数据库时，应尽量做到布局合理、数据层次性好，能分别满足不同层次的管理者的要求。同时数据存储应尽可能减少冗余度，符合规范化、标准化和保密原则。

2）网络服务器方案

网络服务器的选用主要应考虑速度、容量和可靠性三方面,它们应满足系统的设计要求。速度和容量比较直观,可靠性方面的内容较多,包括自动恢复、多级容错、环境监视等。同时应考虑网络服务器 UPS 的选用。

3）网络工作站方案

网络工作站可以选用名牌机、品牌机和兼容机,并考虑是否配备打印机等。总之,要做到适当考虑长远发展而又经济实用。

4）中心网络设备方案

实际上,这里就是网络交换机、机柜、机架和配线架的选用,根据工作站的数量和速度的要求来确定 SWITCH 的档次和数量。

3.10.1.3　综合布线方案

综合布线即结构化布线,一般分为集中式网络配置和分散式网络配置两种。前者即把全部网络设备(包括 SWITCH、服务器、UPS 等)都集中放置在中心机房,各子系统的综合布线线缆最后都集中到中心机房的主配线间,这就是标准的综合布线方法。其优点如下:

(1)系统网络整齐美观,易于管理和维护。

(2)系统网络易于调整。

(3)网络设备可实现零冗余,充分发挥系统设备的速度。

(4)系统安全性好。

分散式网络配置只把服务器、UPS 和部分 SWITCH 放置在中心机房,把各子系统的线口引到各子系统所在的楼层。它的优点是系统可扩充性好,系统配置比较灵活,节省材料和费用。

3.10.2　总体集成目标

由于防洪工程维护管理系统中采用 Web 多层构架开发的子系统需要面向的用户、所处的网络环境等都不尽相同,因此系统总体集成的主要目标是:通过基于 Web 的多层架构体系,建立防洪工程维护管理系统统一的门户系统。将不同子系统的功能信息整合到统一的门户,使各部分从数据贯通到用户操作切换达到完全融合。

3.10.3　总体集成主要任务

(1)制定统一的数据的结构和访问接口建设标准。

(2)建立防洪工程维护管理系统的门户,实现不同子系统的信息集成。

3.10.4 总体集成方案

防洪工程维护管理系统集成层次逻辑结构体系,把 6 个子系统通过基于 Web 的多层架构体系,建立防洪工程维护管理系统统一的门户系统。通过门户将防洪工程维护管理系统各个相对独立的子系统软件及各应用服务功能有效的集成和管理起来,实现系统间的界面和应用整合以及业务流程的整合。

根据防洪工程维护管理工作的实际需求,本系统采用 Asp. net 平台和集成门户技术来构建解决方案,按照分布式 Web 应用程序的设计思想,建立了 3 个独立的逻辑层次,数据访问层、业务逻辑层和表示层。其中数据访问层包括存储过程以及提供数据访问接口的组件等,业务逻辑层封装了主要的业务逻辑,表示层包括一系列的 WebForms,提供标准的人机交互界面。

建立了用户信息表、角色信息表、用户角色关系表以及各模块信息表,通过这些表可以实现角色认证、门户模块管理等。该门户架构包括若干个页面、用户控件、类文件、存储过程、Global. asax 以及 XML 配置文件等。其中用户控件用于构成门户模块,通过以门户模块为单位进行统一管理和维护,有利于方便门户的构建和实现,且为构架的可扩展性、可伸缩性提供了有利保证。另外,借助于 Asp. net 和 Web Service 的无缝结合,可以方便地将各个子系统的业务逻辑和安全控制进行 Web Service 封装,降低了防洪工程维护管理系统整合和集成的难度。

本系统还开发了一个在线管理工具,使得管理员用户可以管理门户模块的内容和安全,并且可以更新用户的类别。任务、安全和用户信息以及各个模块数据,都存储在数据库中。

企业门户平台是指在 Internet 的环境下,把各种应用系统、数据资源和互联网资源统一集成到通用门户之下,根据每个用户使用特点和角色的不同,形成个性化的应用界面,并通过对事件和消息的处理传输把用户有机地联系在一起。简单的说,门户平台是为特定的用户用高度个性化的方式,提供交互访问相关信息、应用软件以及业务流程的软件平台。

3.10.4.1 统一入口

系统门户的建立使用户可以使用单一的入口访问防洪工程维护管理系统的多种类型信息和应用。系统门户使得防洪工程维护管理系统有统一的形象并且为这些系统的使用者提供单点登陆的服务。门户架构可以展现各种内容和服务、个性化、业务构件和多渠道支持等。

防洪工程维护管理系统的各子系统具有不同业务处理内容和各自工作及特定的用户群,门户系统要为各类用户提供统一的入口,防洪工程维护管理系统各子系统的对外接口纳入统一管理,使用统一的交互接口和安全模式,实现单点登录。

3.10.4.2 统一身份认证

根据用户身份的不同,设置用户系统访问、操作和管理权限。根据防洪工程管理工作的实际情况,在门户系统中可将用户分为:公共用户、黄委用户、省局用户、市局用户和县局用户。其中黄委用户又根据所在部门的不同和职务的不同进一步进行划分。系统的主登录页面中,用户分别输入自己的用户名和密码,然后点"登录"按钮即可进入系统。

信息门户按照业务的需求和个人权限,将不同的应用模块或这些模块中的某些子功能集成到完整的系统中。

3.10.4.3 可扩展性

防洪工程维护管理系统总体集成解决方案采用了 Asp. net 平台,并且结合了 Web Service、XML 等先进技术进行方案构建,在享受微软产品带来的高性能优质服务的同时,保证了可扩展性、可伸缩性等特性,通过创建新的门户模块(以 Asp. net 自定义控件的形式实现)或者 Web Service,并且简单修改相关的 XML 配置文件后,可以方便地将新的业务、应用或者服务集成到现有的门户系统中去。此外,Asp. net 平台和 . NET 框架提供了丰富的安全解决方案,保证了安全配置的灵活性、可扩展性以及可伸缩性等。

3.11 系统运行环境

3.11.1 软件平台配置

按照系统技术要求,整个系统开发及运行环境如下:

(1)Web 服务器操作系统采用 Windows Server 2003 sp2,服务器需安装相应的 Web 服务。

(2)开发环境选择 Visual Studio 2005,开发语言为 Asp. net + C#。

(3)Web GIS 专用服务器需安装 Arc IMS 系列软件提供电子地图发布等服务。

(4)三维地貌基础服务平台专用服务器需安装 Skyline 系列软件。

(5)黄河数据中心的数据库管理系统为 ORACLE 9i,系统建设要保证能在 ORACLE 9i 的支持下顺利运行。

系统客户端操作系统需兼容 Windows 2000、Windows Server 2003、Window XP 等版本。

3.11.2 硬件环境配置

黄河防洪工程维护管理系统的数据存放于黄河数据中心的数据库,数据中心的存储体系基于 SAN 架构的数据存储平台,系统要在黄河数据中心数据库服务器的支持下,在 PC 机或工作站上运行。其配置要设有服务器 3 台、Web 应用服务器 2 台和搭建 Arc IMS 的 Web GIS 及三维地貌基础服务平台专用服务器 1 台。

3.11.3 网络配置

采用黄委现有计算机网络,网络覆盖范围上至兰州黑河管理局,下至山东局河口河务局,系统结构分为 5 个层级(一级:黄委网管中心;二级:委属各二级机构;三级:山东局、河南局下属的地市河务局;四级:山东局、河南局下属的县级河务局;五级:黄河下游沿河涵闸),其中,驻郑单位之间为千兆城域网,上中游管理机构之间租用 2M 带宽 SDH,下游山东局干线为 30 M 微波。

3.12 系统权限管理

3.12.1 信息享用权限

黄河工程管理机构分为四级,按使用功能和用户需求,可设定不同的管理权限。网络内部的用户应采用分级别管理体制,设定访问级别,控制不同部门之间的相互访问和下级人员对上级人员接触信息的访问权限;严格网络管理权限,制止越权访问。对于远程拨号上网访问内部信息的本单位机构或外地人员,在其拨号上网访问时实施安全认证,并且要防止数据传输中的泄密,保证来自外部的信息对内部网络安全是无害的,保证信息传输过程中不被外界截获。客户端的认证只容许指定的用户访问内部网和选择服务。

(1)县级管理站的管理权限。

县级管理站是基础网站,负责数据录入工作,对数据录入人员实行安全认证。有权调用与本县有关的信息,能访问上级公共平台。

(2)市级工程管理分中心的管理权限。

市级工程管理分中心管理所属县级工程管理站,负责对数据的审核和入库工作,对数据把关,对入库人员实行安全认证。其有权调用辖区所有县级工程管理站的数据资料,能访问上级公共平台。

(3)省级工程管理中心的管理权限。

省级工程管理中心管理所属市级工程管理分中心,有权调用辖区所有市级、县级工程管理部门数据资料,能访问上级公共平台。

(4)黄委工程管理中心的管理权限。

黄委工程管理中心管理所属省级工程管理中心、直属市级工程管理分中心、直属水利枢纽工程监测分中心、直属三门峡库区工程管理分中心工作。有权调用所属部门的数据资料。

(5)系统管理人员。

系统管理人员是系统的最高权限用户,拥有对整个系统的管理、维护和使用权。

3.12.2 会商权限

黄委、省、市、县四级工程管理部门根据工程安全监测系统采集的信息对本辖区重点防洪工程进行安全评估,并据此会商制订出工程最优化维护方案。

县级工程管理站对本辖区重点防洪工程进行安全评估,根据评估结果进行会商,制订出相应工程维护方案。

市级工程管理分中心对本辖区市级重点防洪工程安全进行评估,根据评估结果进行会商,制订出最优化工程维护方案。

省级工程管理中心对本辖区省级重点防洪工程安全进行高级别评估,根据评估结果进行会商,制订出最优化工程维护方案。

黄委工程管理中心对全河重点防洪工程安全进行高级别评估。将评估结果置身于由安全准则、监控指标、规程规范、评价标准、专家知识库所构建的决策环境中进行综合会商,对建筑物的安全状态做出切合实际的评价和预报,为工程维护、除险加固提出最优化方案。

第4章 子系统设计

根据防洪工程管理业务工作需求,将系统总体划分为:工程基础信息管理、工程维护决策支持、工程维护动态管理、工程多媒体信息管理、安全监测及涵闸安全评估6个子系统。

4.1 工程基础信息管理子系统

工程基础信息是指黄河防洪工程(大堤、险工控导工程、涵闸等)的基本情况信息,含工程地质、规划设计、施工、竣工以及运行管理资料等。对工程基本资料按照标准和要求进行采集整理,并存储到数据库中,满足工程建设与管理、防汛调度、水量调度等人员的统计、查询、分析要求,利用 GIS,实现河势、工程位置及结构断面的三维可视化查询。

该子系统能提供多种查询、检索方式和统计分析工具,可以查询检索防洪工程各种信息,在统一的黄河流域三维地貌平台下通过统计分析处理,以图形、表格等形象直观的方式给出结果,并根据需要以 Web 方式发布相关工程维护信息。工程基础信息管理子系统由工程基础信息查询、工程基础信息统计和报表打印三个功能模块组成。子系统结构如图 4-1。

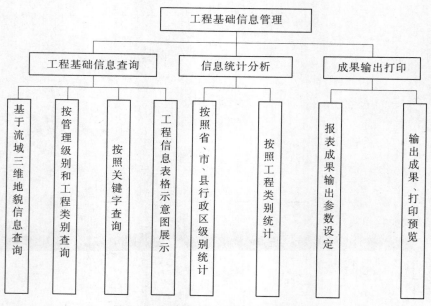

图 4-1 工程基础信息管理子系统结构

该子系统包括的数据项有:工程基础信息、实时监测信息、管理运行信息、其他信息(工程图形、图片)等。

针对数据项的操作有:查询、分析、汇总、打印等。

4.1.1 基于流域三维地貌的信息查询

主要以 Web 应用服务技术和 WebGIS 技术相结合,基于黄河流域三维地貌平台,为黄河管理机构相关人员,提供有关黄河防洪工程的信息查询、信息传递等,能针对不同用户提供不同的信息服务。在防洪工程数据库和 WebGIS 系统及黄河流域三维地貌平台支持下(见图 4-2 ~ 图 4-4),能方便快捷地查询到以下信息。

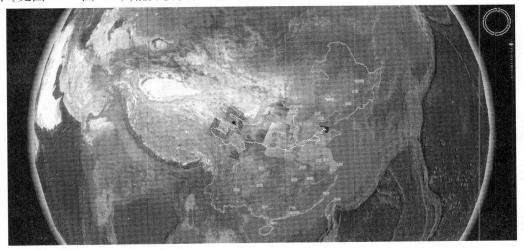

图 4-2 黄河流域三维地貌平台界面(一)

图 4-3 黄河流域三维地貌平台界面(二)

(1)防洪工程信息四级综合查询:通过本功能可实现定制工程类型和管理单位的四级级联工程信息定制查询;

(2)按管理单位级别综合统计:实现基于管理单位级别的防洪工程属性信息查询及统计,统计结果显示在统计结果显示区域;

(3)基于 WebGIS 防洪工程信息查询:实现基于 WebGIS 遥感影像叠合各类防洪工程

图4-4　信息查询界面

矢量要素的 WebGIS 方式定位查询工程信息；

（4）综合统计结果显示：用以显示工程信息综合统计结果。

（5）工程基础信息。其包括堤防、险工、控导、水闸、附属设施、分滞洪工程及水库工程基本信息（见图4-5 和图4-6）。

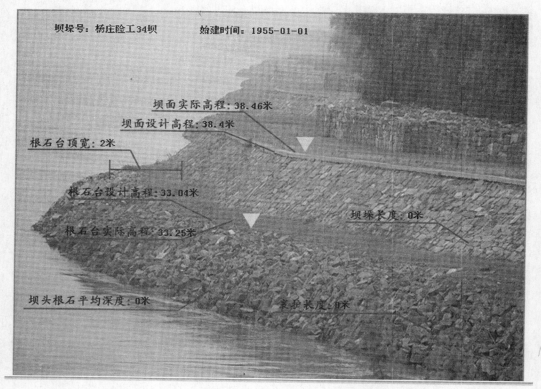

图4-5　信息查询结果图（堤防基本情况）

（6）实时监测信息。其包括现场传感器采集的实时数据、任意时间点的召测数据和实时图像信息等（见图4-7）。

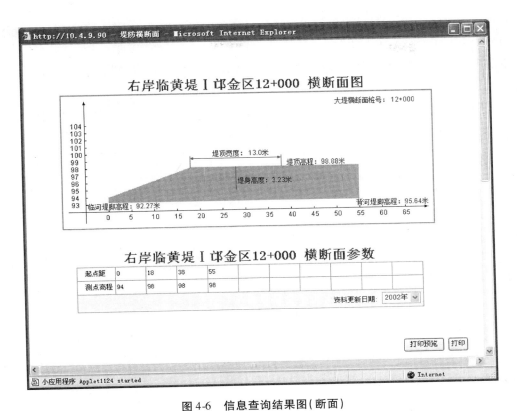

图 4-6　信息查询结果图（断面）

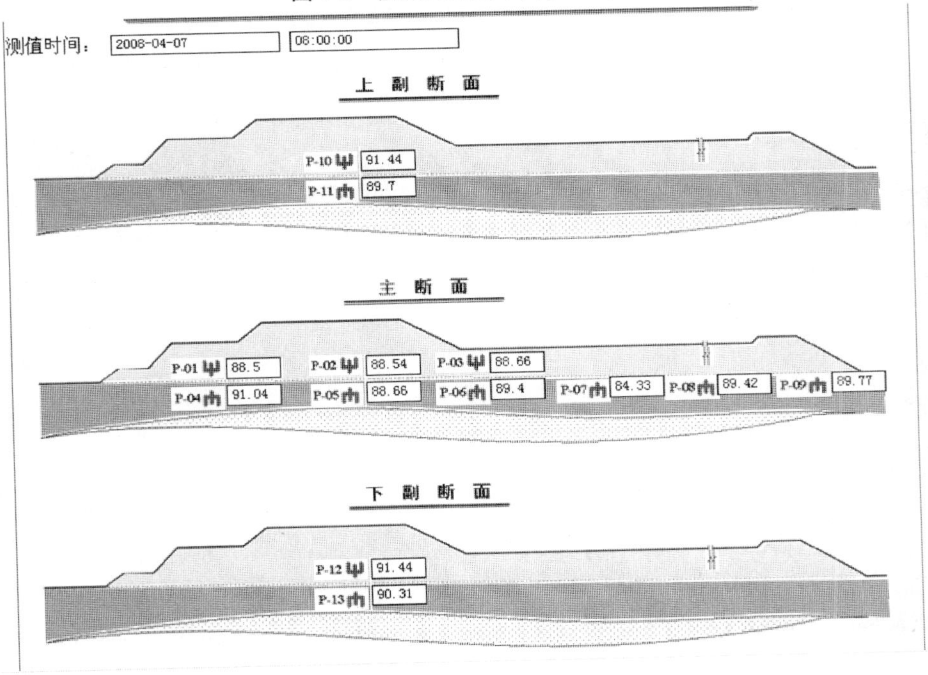

测值时间：　2008-04-07　　08:00:00

上　副　断　面

P-10　91.44
P-11　89.7

主　断　面

P-01　88.5　　P-02　88.54　　P-03　88.66
P-04　91.04　　P-05　88.66　　P-06　89.4　　P-07　84.33　　P-08　89.42　　P-09　89.77

下　副　断　面

P-12　91.44
P-13　90.31

图 4-7　实时监测信息（赵口险工）

（7）管理运行信息。工程维护管理相关的工程维护方法及标准、工程水毁雨毁情况、工程维护定额等信息（见图4-8）。

图4-8　堤防段基本情况

（8）其他信息。其包括各类工程图形（施工图、竣工图）、图片等。

4.1.2　统计分析

根据工程管理部门的需要，对工程基础信息等进行统计分析，如按河段统计各类堤防的长度；按管理单位或河段统计险工、控导、涵闸工程数目等。统计分析结果以图表、文本等方式显示（见图4-9）。

您现在的位置是：黄河防洪工程维护系统 >>> 水闸工程

水闸工程统计信息

水闸名称	管理单位	水闸类别	水闸类型	闸门数	设计加大流量	设计引水位	修建时间
西庄闸	沁阳河务局	引水闸	涵洞式	2	0	129.7	1900-1-1
北孔闸	沁阳河务局	引水闸	涵管式	1	0	121.2	1900-1-1
庙后闸	沁阳河务局	引水闸	涵洞式	2	0		1900-1-1
尚香闸	沁阳河务局	引水闸	涵洞式	1	0	111.54	1900-1-1
鲁村闸	沁阳河务局	引水闸	涵管式	1	0		1900-1-1
解住闸	沁阳河务局	引水闸	涵管式	1	0		1900-1-1
西沁阳闸	沁阳河务局	引水闸	涵管式	1	0		1900-1-1
北金村闸	沁阳河务局	引水闸	涵管式	1	0		1900-1-1
留村闸	博爱河务局	引水闸	涵洞式	2	0	115.8	1985-7-2
大岩闸	博爱河务局	引水闸	涵洞式	1	0	112.67	1970-1-1

（左侧导航）
山东河务局　豫西河务局　集作河务局　郑州河务局
河南河务局　新乡河务局　开封河务局　濮阳河务局
山西河务局
陕

图4-9　河南豫西河务局水闸工程统计表

4.1.3 成果输出模块

对系统统计分析的结果进行报表汇总，并提供多种打印方式，灵活地将报表打印输出（见图 4-10 和图 4-11）。

打印预览 打印

打印

小北干流退水闸 水闸基本信息

项目名称	项目内容	项目名称	项目内容	项目名称	项目内容
水闸名称	小北干流退水闸	抗震设计烈度	7	下游设计水位	0
单位名称	河津市黄河河务局	孔数（条数）	4	最高运用水位	0
行政区划	河津市	孔口净高	7.8	闸门底槛高程	368.3
堤防名称		孔口净宽	5	消能方式	消力池消能
水闸类别	退水闸	孔口内径	5	公路桥面高程	376.1
水闸类型	开敞式	测流方式	依据泄流曲线测流	闸室洞身总长	15
水闸级别	4	设计流量	108	设计灌溉面积(公顷)	0
岸别	左岸	设计加大流量	108	实际灌溉面积(公顷)	0
桩号	汾河口工程35号坝	设计防洪水位	375.1	改建竣工日期	2004-7-10
水准基面	黄海高程系	校核防洪水位	375.3	修建竣工日期	2004-7-10
地震基本烈度	7	设计引水位	0	大沽与黄海高程差	1.16
启闭机台数	1	单机启闭力	0		
闸门型式	钢筋混凝土叠梁门				

图 4-10 报表打印功能

堤防（段）一般信息

项目名称	项目内容	项目名称	项目内容
堤防（段）名称	右岸临黄堤Ⅰ邙金段	单位名称	惠金河务局
堤防（段）级别	1	堤防完整性	.9
地震基本烈度	7	抗震设计烈度	7
工程坐标零点位置	1	水准基面	黄海高程
情况介绍	国家一级堤防，自邙山根起至杨桥止，桩号-（1+172）~（30+968），全长32.140公里。		
	资料更新责任人:王艳红	资料更新日期:	2008年9月2日

图 4-11 报表输出功能

4.2 工程维护决策支持子系统

根据工程监测成果和工程安全评估成果，通过工程维护标准化模型，自动生成一套工程维修养护方案；然后利用相关法规、标准库和专家知识库构成的决策会商环境，制定出工程最优化维护策略，并进行优先级排序，达到提高工程维护决策水平，实现资源优化配置的目的。工程维护决策支持流程如图 4-12 所示。

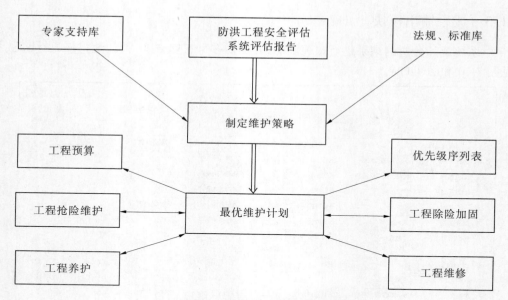

图 4-12　工程维护决策支持流程

工程维护决策支持子系统主要分为工程维护方案生成、工程维护概预算编制、维护工程报表与图像打印三个功能模块,如图 4-13 所示。

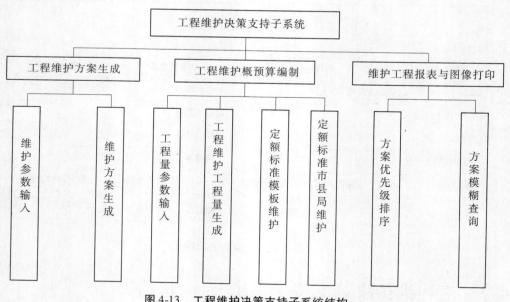

图 4-13　工程维护决策支持子系统结构

工程维护决策支持子系统包括的数据项有:维护方案信息、工作量和工程量信息、取费标准信息、投资预算信息等。

针对数据项的操作有:插入、智能查询、更新、删除、动态分析、多条件智能排序、汇总、组合计算、打印等。

4.2.1 工程维护方案生成模块

4.2.1.1 堤防工程维修养护标准化模型

标准化模型包括堤身、穿堤建筑物、生物防护和排水设施共4部分。其中,堤身分为堤顶、堤坡、前后戗、淤背(临)区、防渗系统、工程观测和隐患探测等7个项目,穿堤建筑物分为管道和缆线2个项目,生物防护分为防浪林、护堤地林木、行道林、适生林、淤区坡林木和草皮等6个项目,排水设施分为砌石、混凝土、草皮等3个项目。具体流程图见图4-14。

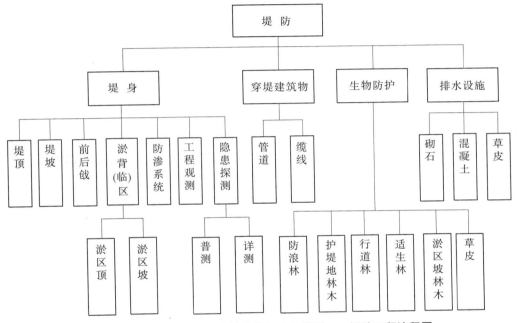

图4-14 黄河水利工程维修养护标准化模型——堤防工程流程图

对于堤破裂缝的处理,按照以往的处理方式,必须对裂缝的性质、大小、危害程度、处理方案等进行必要的分析后才能进行决策,为处理提供依据。而黄河水利工程维修养护标准化模型能够依据裂缝数据(由一线人工采集),进行自动化分析,提出裂缝处理的方式,并依据所提供的数据进行定性分析,提出裂缝处理所需要的投资概算,这样为决策者提供了重要的科学依据。通过模型的运用,基层职工节约了大量的人工计算,而且模型计算的结果更加合理可靠,为裂缝的处理提供了决策支持。

该模块针对"水沟、浪窝回填"、"天井回填"、"坝垛险情抢护"以及工程日常维护等内容制定维护方案策略,见图4-15和图4-16。

(1)"水沟、浪窝回填"维护方案策略。

根据水沟、浪窝的平均长度、平均宽度、平均深度,按1:1.5边坡开挖至沟底后再进行回填,根据土料运输的距离及土质分别用自卸汽车或农用翻斗车运输,机械夯实。如涉及坝垛坦石坍塌和坦石拆除后再恢复,按1:0.5的坡度拆除坦石。

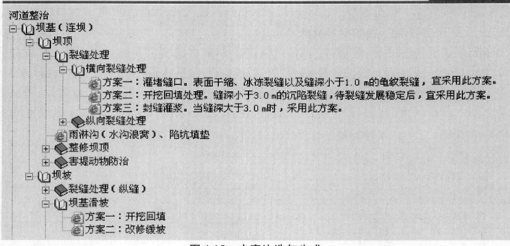

图 4-15　方案比选与生成

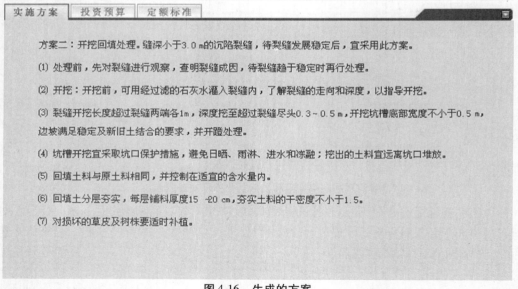

图 4-16　生成的方案

（2）"天井回填"维护方案策略。

根据天井的直径、深度、平面长度，按 1∶1.5 边坡开挖至洞底后再进行回填，根据土料运输距离、土质，分别用自卸汽车或农用翻斗车运输，机械夯实。如涉及坝垛坦石坍塌和坦石拆除后再恢复，按 1∶0.5 的坡度拆除坦石。

（3）"坝垛险情抢护"维护方案策略。

根据坝垛土坝体和坦石出险的平均长度、深度、宽度，计算出土方、石方工程量，根据河势情况选定抢护方案：

①水深流急、土胎暴露情况，采用抛柳石枕、铅丝石笼和散石抢护，按柳石枕方量等于土方量，石方工程量按0.4铅丝石笼方量和0.6散石方量分解换算。

②水深流急、土胎不暴露情况，采用抛铅丝石笼和散石抢护，石方工程量按0.3铅丝石笼和0.7散石方量分解换算。

③一般根石走失情况，采用抛散石抢护，按坦石出险尺寸计算所需抛散石数量。

④水深流急、坝头冲失一定长度情况，采用柳石搂厢进占、抛柳石枕、铅丝石笼和散石抢护，按柳石搂厢深水进占施工的有关规定计算所需柳石搂厢、土方、柳石枕、铅丝石笼和散石工程量。其中，石方工程量按0.4铅丝石笼和0.6散石方量分解换算。

（4）工程日常维护方案策略。

工程日常维护主要包括人工整修大堤边埝、高秆杂草清除、浇树、栽树、备防石码方、堤（坝）坡植草、堤（坝）坡平整、坝垛坦坡整修、病虫害防治、害堤动物防治、隐患探测及分析、工程普查、土牛管护、土牛补充、标志桩管护、标志桩补充、标志桩刷新、门树刷白、排水沟管护、坝面（堤顶）平整等，按实际情况计算工程量。

4.2.1.2 河道整治工程维修养护标准化模型

该模型包括坝基（连坝）、石护坡、排水沟和生物防护共4部分。其中，坝基（连坝）分为坝顶、坝坡2个项目，石护坡分为眉子石、坦石、护脚石（根石）3个项目，排水沟分为坝基上砌石排水沟（或混凝土排水沟）、坦坡上排水沟、坝基上草皮排水沟3个项目，生物防护工程分为行道林、护坝地林木、草皮等3个项目。

4.2.1.3 水闸工程维修养护标准化模型

该模型包括检查和维修养护2个部分。其中，检查分为一般规定、水工建筑物检查、观测设施检查、闸门检查、启闭机检查、启闭机房检查、电气设备检查、通信设施检查、其他设施检查、安全检测和安全鉴定等11个项目，维修养护分为混凝土工程维修养护、砌石工程、永久缝、排水孔、基础工程、两岸连接及堤岸工程、闸门修理养护、启闭机、电气设施、观测设施维修、通信设施和其他设施等12个项目。

4.2.1.4 附属工程维修养护标准模型

该模型包括堤防工程、险工工程、控导工程、涵闸工程和滞洪区（滩区）四类工程的附属工程。其中，堤防工程附属工程分为桩（千米桩、百米桩、边界桩、断面桩）、牌（简介牌、标志牌）、护路闸（限宽防护墩）、房屋（管理房、守险房）和护堤地边埝整修等5个项目，险工工程附属工程分为桩、牌、险工管理房、水尺、护坝地边埝整修等5个项目，控导工程附属工程分为桩、牌、上坝路、控导守险房和护坝地边埝整修等5个部分，涵闸工程附属工程分为闸前围堰、围墙护栏、牌、房屋、绿化美化等5个项目，滞洪区（滩区）附属工程分为桩、牌、撤退道路等3个项目。

4.2.2 工程维护概（预）算模块

该模块针对上述各类工程维护策略，分别计算相应工作量和工程量，按照定额及有关取费标准生成用工数量及投资预算。但对工程日常维护的预算计算，由于其内容较多，需按性质进行分类计算：

（1）对人工整修大堤边埂、排水沟管护、害堤动物防治的长度，按照有关工程管理定额及取费标准生成用工数量及投资额。

（2）对高秆杂草清除、堤（坝）坡植草、堤（坝）坡平整、坝垛坦坡整修、隐患探测及分析、病虫害防治、工程普查、标志桩刷新、坝面（堤顶）平整的面积，按照有关工程管理定额及取费标准生成用工数量及投资额。

（3）对浇树、栽树、备防石码方、土牛管护、土牛补充、标志桩管护、标志桩补充、门树刷白的数量，按照有关工程管理定额及取费标准生成用工数量及投资额。

（4）定额标准维护。

该主要功能是对定额单价分析表进行维护和单价计算，根据地域的不同，为每个县级提供不同的单价分析功能，以满足由于地域差距产生的单价费用不同的需求（见图4-17）。

堤顶横缝开挖土方单价分析表

单价： 11.35/m³
单位： 100m³

序号	项目名称	单位	数量	单价（元）	复价（元）	备注 定额编号		
						10152	10153	实测
一	直接工程费				987.97			
（一）	直接费				932.05			0
1	人工费				850.37			
	工长	工时	7.8	4.91	38.3	2.8	5	0
	高级工	工时	0		0	0	0	0
	中级工	工时	0		0	0	0	0
	初级工	工时	386.7	2.1	812.07	139.3	247.4	0
2	材料费				24.28			
	零星材料	%	0		24.28	4	2	0
3	机械使用费				57.4			
	胶轮车	台时	63.78	.9	57.4	0	63.78	0
4	其他费用		0		0	0	0	0
（二）	其他直接费	%	2		18.64			
（三）	现场经费	%	4		37.28			
二	间接费	%	4		39.52			
三	企业利润	%	7		71.92			
四	税金	%	3.22		35.4			

图 4-17 工程维护定额设定

可以根据具体方案关联显示相应的定额标准单价分析表，针对不同用户级别可加以修改的管理操作：为防止并行操作时，不同县局用户具体方案定额标准冲突，后台数据库提供规范化定额模板加以界定修正；针对不同管理单位实际情况：如各个县局人工费、材料费、机械费等差异，为每个县局提供定额标准分析模板，可对单价分析表中具体条目进行合理化修改，自动生成定额单价并加以存储（见图4-18）。

河道整治>坝基（连坝）>坝顶>裂缝处理>横向裂缝处理>方案二：开挖回填处理。缝深小于3.0m的沉陷裂缝，待裂缝发展稳定后，宜采用此方案。>

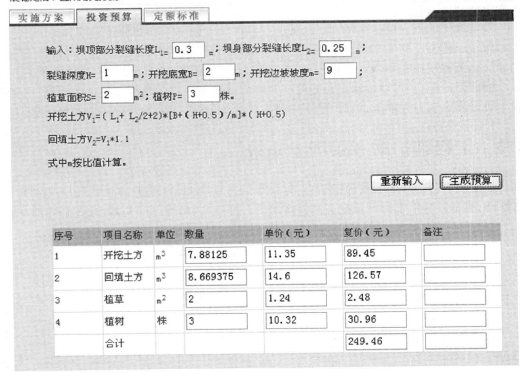

实施方案 **投资预算** **定额标准**

输入：坝顶部分裂缝长度$L_1=$ 0.3 m；坝身部分裂缝长度$L_2=$ 0.25 m；

裂缝深度H= 1 m；开挖底宽B= 2 m；开挖边坡坡度m= 9 ；

植草面积S= 2 m²；植树P= 3 株。

开挖土方$V_1=(L_1+L_2/2+2)*[B+(H+0.5)/m]*(H+0.5)$

回填土方$V_2=V_1*1.1$

式中m按比值计算。

重新输入 **生成预算**

序号	项目名称	单位	数量	单价（元）	复价（元）	备注
1	开挖土方	m³	7.88125	11.35	89.45	
2	回填土方	m³	8.669375	14.6	126.57	
3	植草	m²	2	1.24	2.48	
4	植树	株	3	10.32	30.96	
	合计				249.46	

图4-18 投资预算生成模块

4.2.3 维护工程报表与图像打印

按照维修养护业务中横向级别化项目分类，智能化提取共同点后，通过后台数据库按照用户操作进行信息提取分配，并以下拉菜单形式实例化集群呈现；后台以触发式同步机制，将对应项目类别下的方案信息进行模糊查询，并以表格形式呈现，见图4-19。

分类查询 **模糊查询**

堤防工程 ▾   雨淋沟（水沟浪窝）填垫 ▾

序号	县局	项目名称	主要工程量 土方	石方	人工	投资	生成时间
1	邙山金水区黄河河务局	雨淋沟（水沟浪窝）填垫	516			12039.32	2004年12月9日
2	邙山金水区黄河河务局	雨淋沟（水沟浪窝）填垫	138			3243.04	2004年12月9日
3	邙山金水区黄河河务局	雨淋沟（水沟浪窝）填垫	72			1730.28	2004年12月9日
4	邙山金水区黄河河务局	雨淋沟（水沟浪窝）填垫	16			788.64	2004年12月9日
5	邙山金水区黄河河务局	雨淋沟（水沟浪窝）填垫	27			765.03	2004年12月9日
6	邙山金水区黄河河务局	雨淋沟（水沟浪窝）填垫	24			593.68	2004年12月9日
7	邙山金水区黄河河务局	雨淋沟（水沟浪窝）填垫	12			385.8	2004年12月9日
8	邙山金水区黄河河务局	雨淋沟（水沟浪窝）填垫	6			151	2004年12月9日

图4-19 报表优先排序与打印输出

该模块的主要功能是对工程维护进行优先级排序。

险情抢护后维护的优先级按工程类别排序,依次按涵闸、堤防、险工、控导、其他附属工程等的顺序进行。

日常维护的优先级按涵闸、险工、堤防、控导、其他附属工程的顺序进行。

雨毁工程恢复的优先级按涵闸、险工、堤防、控导、其他附属工程的顺序进行。

同类工程按损害程度大小排序,损害程度大,优先级高;损害程度小,优先级低。

根据用户需要,可对统计汇总表中任意维修养护细目进行具体实施方案回溯:可查询到生成该具体实施方案全过程中的用户录入的具体参数、所采用的定额标准等信息。

4.3 工程维护动态管理子系统

工程维护动态管理子系统包括:工程普查信息管理、日常维护信息管理、专项维护信息管理、险患监测信息管理及技术文件管理等5部分,其结构如图4-20和图4-21所示。

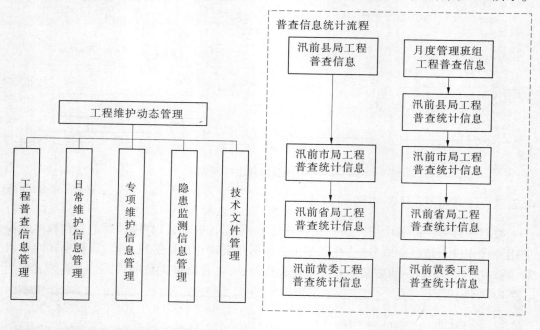

图4-20 工程维护动态管理子系统结构(一)　　图4-21 工程维护动态管理子系统结构(二)

4.3.1 工程普查信息管理

系统实现了堤防、河道整治工程、涵闸工程的汛前普查统计,按年度、单位进行查询并以报表形式输出。

工程普查信息包括堤防、河道整治工程和涵闸工程3种类别,信息录入频度分为年度汛前普查时入库信息和月度普查时入库信息两种。

工程普查从统计及管理上分为4级结构,基础信息由县局在每次普查工作中录入,市局、省局、黄委依据单位管辖级别对县局录入的基础信息数据动态统计,汇总成报表输出查询。工程普查基础数据项按照堤防、河道整治、涵闸3类工程从防洪工程基础数据库动态管理库中获取,市局、省局、黄委各级统计报表依照"汛前普查统计表"、"月度普查统计表"样式生成,如图4-22 和图4-23 所示。

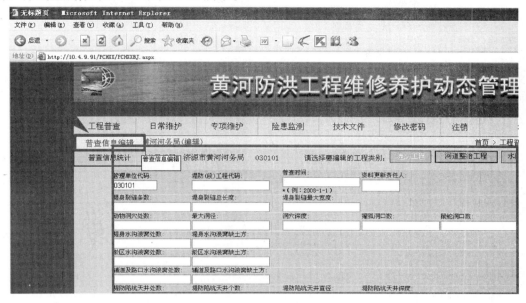

图4-22　普查年度计划编辑

类别/单位	堤身裂缝			动物洞穴					水沟浪窝								土方	
					洞口数(个)		最大洞径	深度	小计		堤身		淤区		辅道及路口			
	条数	长度	宽度	处数	獾狐	鼠蛇			处数	缺土方	处数	缺土方	处数	缺土方	处数	缺土方	处数	
		m	cm				cm	m		m3		m3		m3		m3		m
黄委建管局	48	21	0-7	17	77	79	5-7	2-45	31	275	8	15	10	248	13	12	9	5
山东黄河河务局	16	17	0-7	13	72	12	7-7	8-45	19	33			6	14	8	6	5	5
菏泽市河务局																		
东平湖管理局	7	8	7-7		8		7-7	8-8		15			0	7	0		5	5
聊城市河务局	9	9	0-0	5	65		7-7	45-45	19	18			0	5			5	5
济南市河务局									0									
德州市河务局									0									
滨州市河务局									0									
淄博市河务局									0									
黄河河口管理局									0									
山东黄河工程局									0									

图4-23　普查信息统计

4.3.2　日常维护信息管理

日常维修养护信息类别依照日常维护工作具体实施项目,基于工程的类别分级生成,如图4-24 所示。

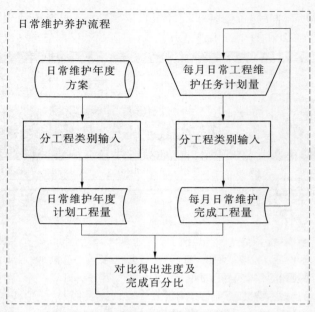

图 4-24　日常维修养护流程图

（1）日常维护年度方案制定后，依据年度方案按照工程类别录入全年度需要完成的日常维修养护计划工程量。年度计划工程量每年一次性录入，之后不再改动。

（2）每月将根据日常维护计划完成的实际工程量分工程类别录入，生成当月的完成工程量，并进行进度比对。月度完成工程量每月录入 1 次，循环进行。

日常维修养护信息的年度、月度基础数据由县局依据日常维护年度方案、日常维修养护日志及月度任务量清单进行基于工程类别录入，可按时段进行基于行政管理级别的查询、统计，市局、省局、黄委均可对某一时段（一个月或连续数个月）内所辖单位完成日常维护工程量进行基于工程类别的统计查询，其统计流程图如图 4-25 所示。

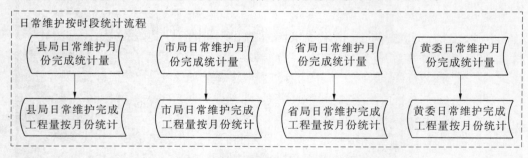

图 4-25　日常维护按时段统计流程图

管理单位也可将某一时段的完成工程量与年度计划工程量分别统计后进行比对，继而得到管辖范围内完成工程量所占计划量的百分比，最终完成进度分析，如图 4-26 所示。

日常维修养护信息包括的原始数据项有日常维护年度方案、每月日常维护完成任务；由县局分工程类别录入后入库为年度计划工程量、每月完成工程量；经过分时段分行政管理级别统计比对后，最终生成日常维护工作进度、完成工作量百分比等信息，如图 4-27 ～图 4-30 所示。

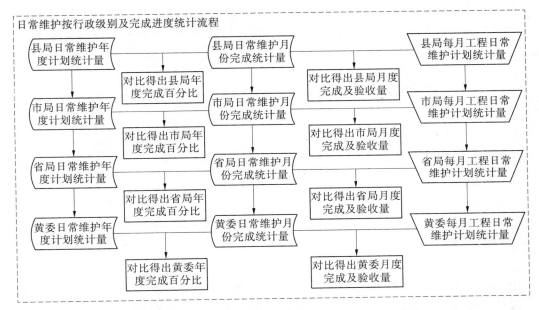

图 4-26　日常维护按行政级别及完成进度统计流程图

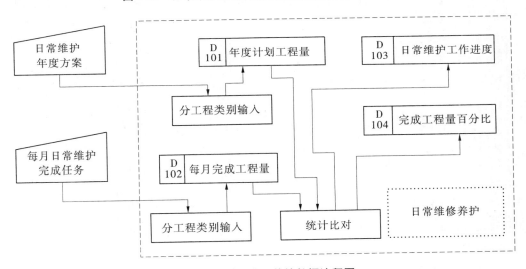

图 4-27　日常维修养护数据流程图

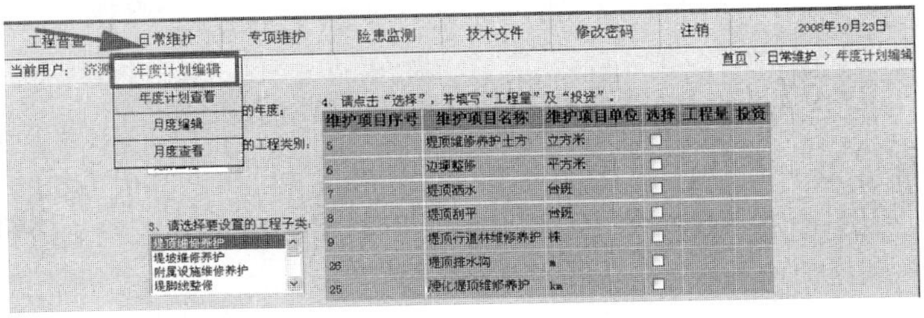

图 4-28　日常维护年度计划编辑

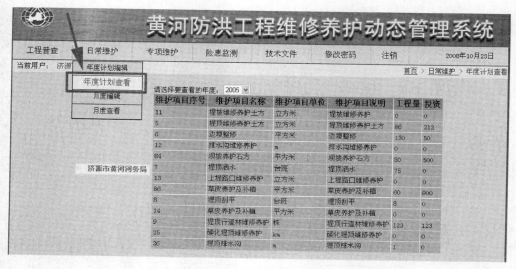

图 4-29　日常维护年度计划查看

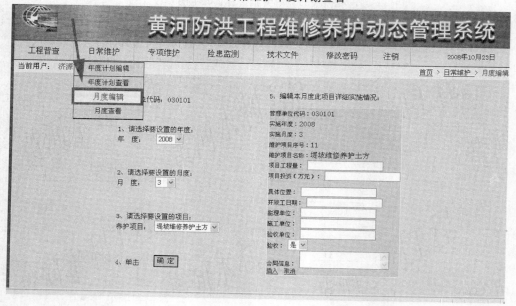

图 4-30　日常维护月度计划编辑

4.3.3　专项维护信息管理

工程专项维修养护的业务流程如图 4-31 所示。

本系统实现以下功能,如图 4-32 ~ 图 4-34 所示。

(1)批准的年度各类专项维修养护项目的位置、工作内容及工作量统计与查询;

(2)专项维修养护项目信息的录入、编辑与删除;

(3)可分年度、月份对某一范围内(黄委、省、市、县或某桩号范围)的维修养护专项情况(数量、名称、位置、投资、主要工程量、开工时间、完成及验收等)进行统计分析。

批复的年度工程维护专项实施方案

年度工程维护专项施工文档	年度工程维护专项施工图纸	工程维护专项内容、工程量及投资表
录入文档管理数据库	录入多媒体管理数据库	录入专项维护数据库
查询与显示	查询与显示	查询与统计

图 4-31　工程专项维护业务流程图

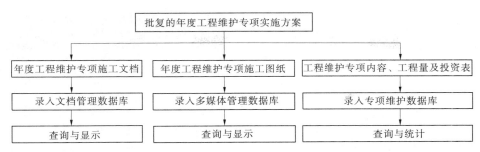

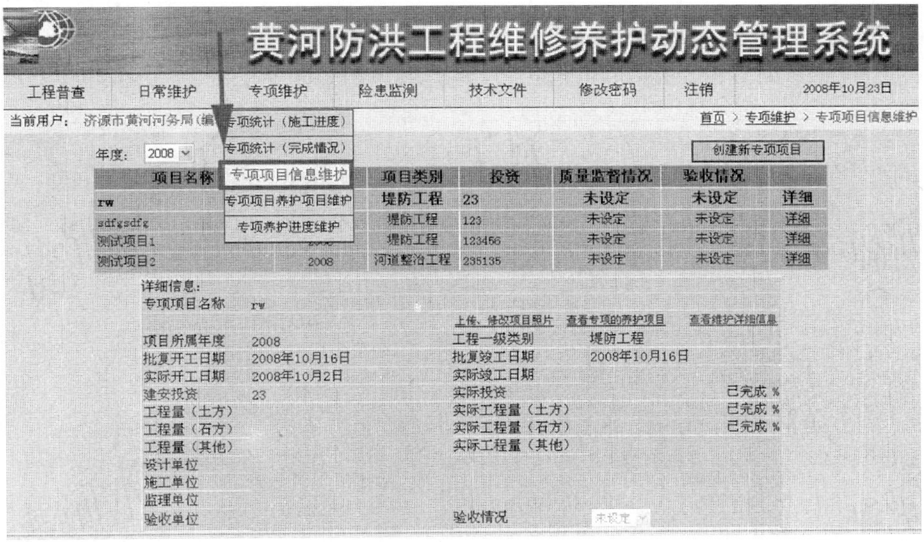

图 4-32　专项项目信息维护

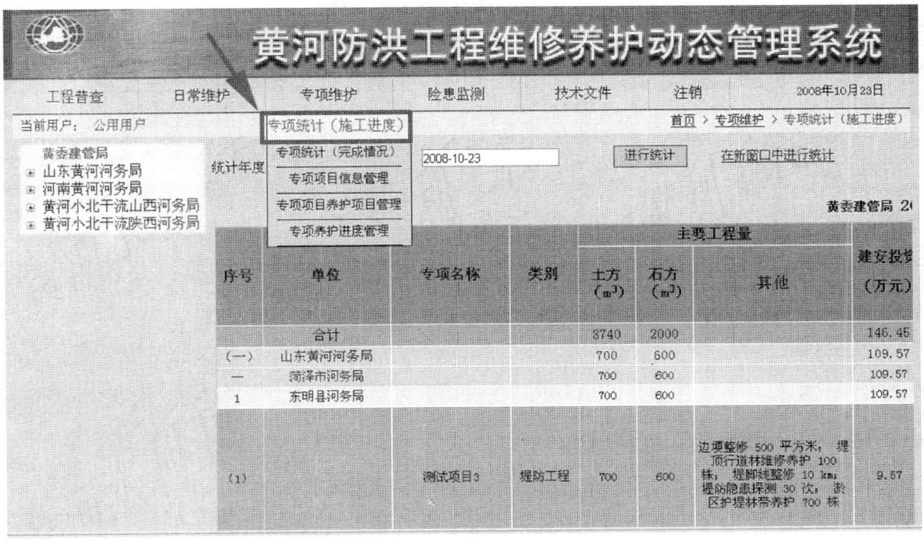

图 4-33　专项项目施工进度统计

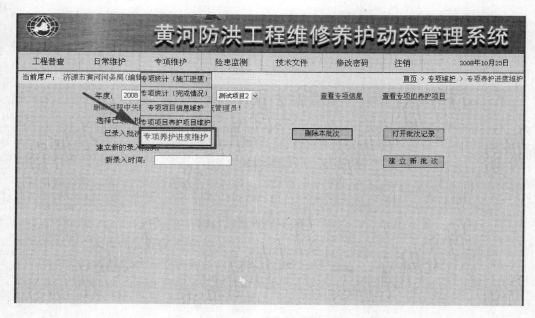

图 4-34　专项养护进度维护

4.3.4　险患监测信息管理

由于下游大堤是在历史民埝基础上培修而成的,存在诸多隐患,加上"地上悬河"和特定的沙性堤身堤基,给防洪安全构成了极大威胁,因此及时探测堤防隐患,为堤防加固和度汛防守提供依据,是十分必要的。

堤防隐患是指由于自然或人为等各种因素作用与影响所造成的堤防裂缝裂隙、松散土体、软弱夹层、獾鼠洞穴等威胁堤防安全的险情因素。黄河堤防由于所形成的历史条件比较复杂,决定了堤防质量参差不齐,存在着"洞、缝、松"等特点。治黄历史表明,黄河决口除堤身高度不足所发生的少量漫溢决口和因河势顶冲造成的冲决外,多数是因为堤防存在隐患而造成的溃决。堤防隐患探测是快速、准确的判定堤身隐患的重要方法。

堤身内部经常发生的隐患主要有:裂缝(不均匀沉陷、干缩、龟裂、施工工段接头、新旧堤结合面等)、空洞(动物洞穴、天然洞穴)、人为洞穴(藏物洞、墓穴)、松软夹层、植物腐烂形成的孔隙、堤内暗沟、废旧涵管等。

各县局单位根据堤防隐患探测信息统计表将探测结果输入计算机并入库归档,各市、省级用户可以通过汇总统计功能,以表格形式输出成果。

堤防隐患探测信息可分为按年度查询和按单位查询两种。堤防隐患探测信息一般都是以年为单位录入,由不同县级单位录入,以方便查询(见图4-35和图4-36)。

4.3.5　技术文件管理

本模块主要实现对上级单位关于维修养护的文件、各单位关于维修养护工作的相关技术和管理文件以及宣传报道的管理。实现的功能包括:黄委、省、市、县四级技术与管理文件的管理;按用户等级对相应技术文档的查看浏览(见图4-37)。

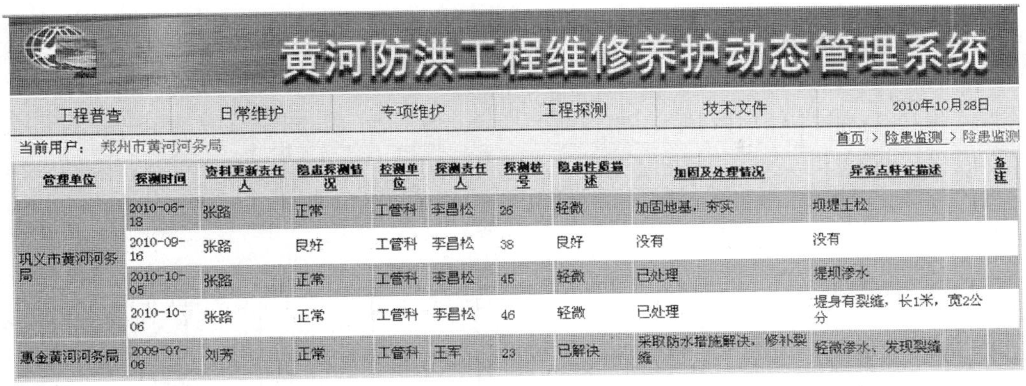

图 4-35　险患监测信息查询

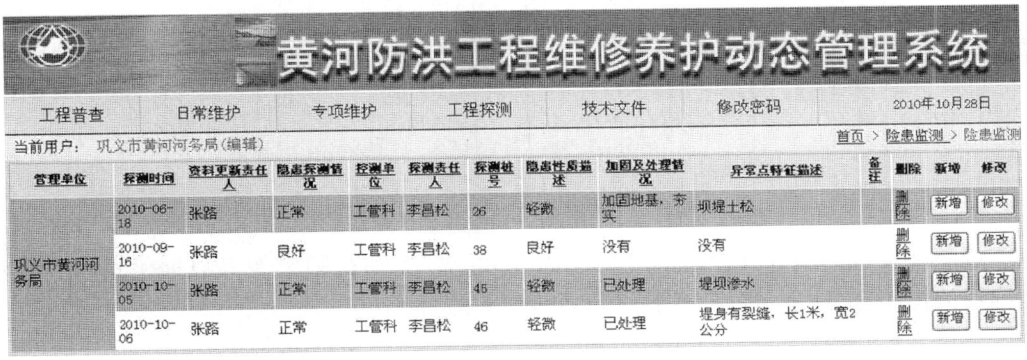

图 4-36　险患监测信息编辑

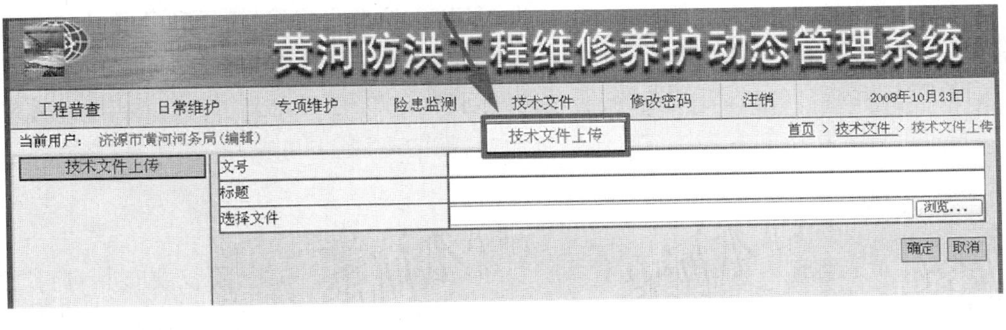

图 4-37　技术文件上传

4.4　多媒体管理子系统

多媒体数据是系统中能够从多方面反映工程维护管理状态的图形、图像、PowerPoint和视频影像等数据,既包括历史的多媒体数据,也包括最新更新的多媒体图像、PowerPoint和视频影像等数据。对这些多媒体数据,按照数据大小、数据类型、工程类别和管理单位等基本信息进行分类入库管理。该子系统提供多媒体数据统计、多媒体数据查看、多媒体资料维护、多媒体维护 C/S 系统四个模块。如图 4-38 所示。

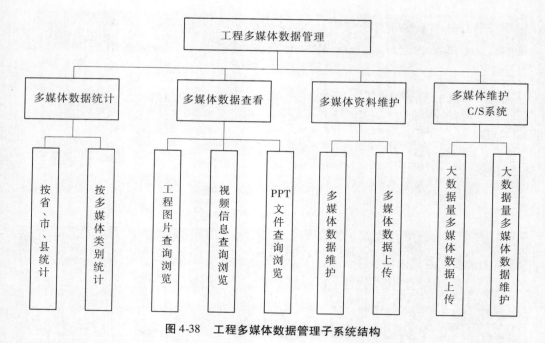

图 4-38　工程多媒体数据管理子系统结构

该子系统包括的数据项有:图形、图像、PowerPoint 和视频影像等数据信息等。针对数据项的操作有:插入、智能查询、更新、删除、汇总、打印等。

4.4.1　多媒体数据统计分析

多媒体数据按照省、市、县三级管理,用户可以按照单个省局、市局和县局对多媒体数据进行统计,查看图片、视频和 PowerPoint 的数据个数,以及最新的更新时间。同时,还可以按照多媒体的类别进行分类统计,通过统计列表可以了解到最新的多媒体信息,通过统计列表也可进入相应的多媒体信息浏览页面中,见图 4-39。

4.4.2　多媒体数据浏览

多媒体子系统作为黄河防洪工程维护管理系统的一个子系统,不仅要有其自身独立的显示模块,也要根据黄河防洪工程维护管理系统中其他子系统的具体需求,提供多样、灵活的接口,其信息查询如图 4-40 所示。其查看方式有以下三种:

单位列表:显示某个单位的所有多媒体数据。

工程类型:控制显示多媒体的工程类型,主要包括堤防工程、河道整治、水闸工程、水库、险点险段、生物工程、穿堤建筑物、跨河跨堤工程。

分页信息:当有多页多媒体数据时,控制翻页显示,可以在数据输入区中直接输入页面号。

当检索到多媒体缩略图时,可以将光标在多媒体图标上悬停,此时显示该多媒体的详细介绍信息。当点击缩略图后,则可以对图片、视频和 PowerPoint 文件进行浏览和播放。

图 4-39　多媒体数据统计

图 4-40　多媒体信息查询

4.4.3 多媒体信息维护 B/S 系统

多媒体资料维护分为三级管理,用户只对所管辖地段的多媒体资料拥有维护权限(见图4-41)。当显示的多媒体资料由该部门上传时,在缩略图下方显示编辑、删除按钮,从而可以对该多媒体进行上传、编辑、删除(见图4-42)。

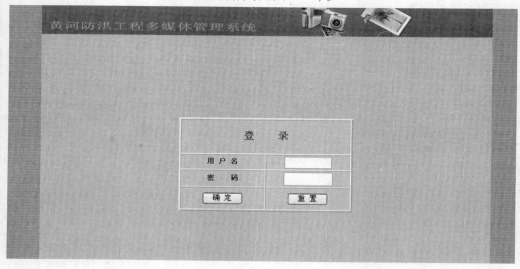

图4-41 多媒体资料维护系统

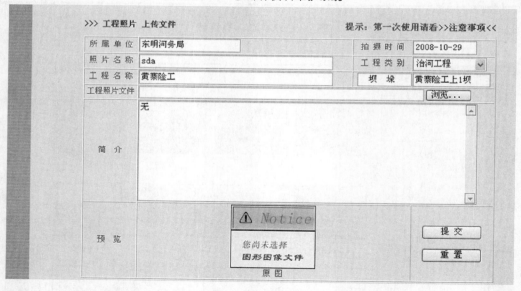

图4-42 上传照片

(1)工程照片。

工程照片的信息编辑需要输入以下信息。

图像名称:图像的具体中文名称。

工程类别:工程照片所显示内容所属的工程类别。

工程名称:工程照片所显示内容所属的工程的工程名称。

拍摄时间:该工程照片的拍摄时间。

简介:该工程照片的详细简介信息。

(2)视频影像。

视频影像的信息编辑需要输入以下信息。

视频名称:视频影像的具体中文名称。

拍摄时间:该视频影像的拍摄时间。

简介:该视频影像的详细简介信息。

(3)PowerPoint。

PowerPoint 的信息编辑需要输入以下信息。

PowerPoint 名称:PowerPoint 的具体中文名称。

创建时间:该 PowerPoint 的拍摄时间。

简介:该 PowerPoint 的详细简介信息。

4.4.4 多媒体信息维护 C/S 系统

数据上传部分,由于多媒体数据所固有的特点:数据类型复杂、数据量大、数据文件的数量和文件的大小变化大,导致多媒体数据的上传必须根据具体的情况提供不同的数据上传方式。因此,数据上传部分需要 C/S 结构的上传系统,满足大数据量视频数据和PowerPoint 数据的需求,C/S 文件上传见图4-43。

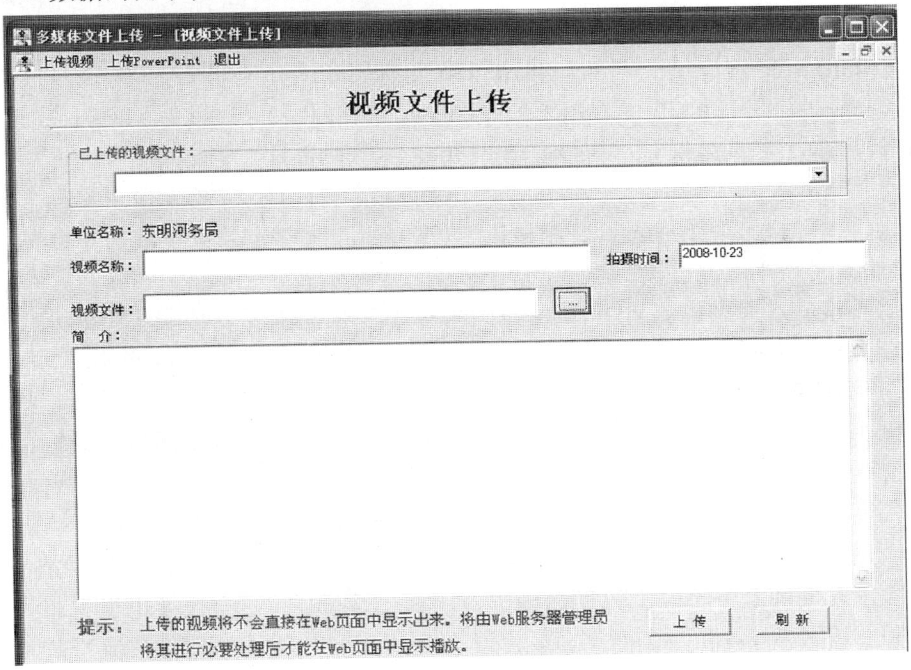

图 4-43   C/S 文件上传

视频需填写以下内容:视频名称、简介、拍摄时间。视频影像的文件格式使用 WMV、AVI、MPG、DAT 格式中的任意一种。

PowerPoint 需填写以下内容:PowerPoint 名称、拍摄时间、简介。

4.5　安全监测子系统

4.5.1　试点河段概况

4.5.1.1　自然地理

花园口至东坝头河段,处于整个黄河下游河段上首,为典型的游荡性河道。黄河东出郑州邙山后,两岸全靠大堤控制洪水,河道宽浅,水流散乱,冲淤幅度大,主流摆动频繁。同时,由于黄河来水不均,含沙量大,河床极易淤积,造成河床逐年抬高,加剧了二级"悬河"形势。中常洪水时经常出现"横河"、"斜河",使险工坝垛易出大险。

该河段属温带大陆性季风气候,多年平均气温 14.2 ℃,年平均降水量 670.0 mm,降雨量年内分配不均,7～9 月为最多,约占全年的 58%,1 月份最少,约占全年的 0.01%。

4.5.1.2　水文泥沙

按照花园口水文站 1950～1996 年系列水文统计资料分析,该河段水文具有以下三大特点:

(1)来水来沙年际变化大。年平均径流量 449 亿 m^3,最大径流量为 861 亿 m^3(1964年),最小径流量 201 亿 m^3(1960 年);年平均输沙量为 11.45 亿 t,最大年输沙量 27.8 亿 t(1958 年),约为最小年输沙量 2.5 亿 t(1987 年)的 11 倍。

(2)洪枯流量、含沙量变幅大。花园口站实测最大洪峰流量 22 300 m^3/s(1958 年 7月 17 日),最小流量为 4.25 m^3/s(1986 年 6 月 17 日),最大含沙量为 546 kg/m^3(1997 年 7 月 10 日),最小含沙量仅有 0.66 kg/m^3(1968 年 6 月 15 日)。

(3)年内来水来沙集中在 7～10 月的汛期,多年平均汛期径流量占全年径流量的62.9%,其中 8 月份集中了全年径流量的 19%,多年平均汛期输沙量占全年输沙量的89%,其中 8 月份平均输沙量占全年的 33%。

随着小浪底水库的投入运用,该河段的来水来沙状况主要受控于小浪底水库的水沙调度运用方式,同时伊洛河、沁河加水加沙也对该河段的水沙有一定的影响。

4.5.1.3　河床演变

根据 1949～1959 年马渡至黑石河段主流摆幅统计表、主流线平面位移展宽情况统计表、险工控导靠河几率情况统计表,以及 1949～1959 年主流线套绘图可以看出,此间主流线摆动幅度较大,来童寨、孙庄、赵口、辛寨、黑石五断面主流摆幅均在 3.0 km 以上,其中赵口断面达到 4.1 km。主流趋势变化莫测,几乎无规律可寻。因来水较大,主流多居中,来童寨险工此期间基本不靠流,三坝、杨桥、万滩险工均脱河,赵口控导也很少靠流。

1960～1964 年,各断面主流摆幅仍较大,与 1949～1959 年相比,主流平均南移 3.9 km,同时缩窄了 0.46 km,万滩险工开始靠河,来童寨和赵口控导靠河几率也大大增加,其中赵口控导的靠河几率达 75%,初步显示了其位置的重要性。

1965～1974年,主流仍游荡摆动剧烈,5个断面中只有赵口断面缩窄0.9 km,其余摆幅均在3.5 km以上,5个断面较1960～1964年平均展宽了0.14 km,虽然如此,左边线仍平均右移了0.3 km,进一步显示了河走右岸的特征。从靠河情况看,来童寨、万滩、赵口控导靠河几率进一步提高。而赵口控导的靠河几率已达95%以上。

1975～1984年,由于花园口险工出流方向过于分散,受申庄险工和双井工程的导流作用,1975～1984年间的基本流路可分为两条:一条是花园口—双井—马渡—杨桥—万滩—赵口—九堡下首,另一条是花园口—申庄险工—中河—三坝险工—中河—赵口控导—中河。

1985～1987年,主流出马渡险工,大体分两条基本流路:一条是马渡—三坝—万滩—赵口—九堡下延再南滚,另一条是马渡—中河—万滩—赵口—九堡下延再南滚。

4.5.1.4 工程地质

该区地层在区域上属华北地层区,第四系松散地层广泛分布,仅在黄河冲积平原的周边山地出露有寒武系、奥陶系及第三系等基岩地层。该区属于华北地震区,据2001年2月发布的《中国地震动参数区划图》(GB 18306—2001),地震动峰值加速度为0.05～0.15 g,动反应谱特征周期为0.35～0.40。

黄委设计院编制的《黄河下游"十五"防洪工程建设可行性研究报告》对黄河下游的区域稳定性进行了综合评价,评价着重以影响堤防安全和稳定的主要构造单元作为分析和评价基本单元,以各单元实测或收集的地质、地球物理场、地形变、地震等指标特征为基本依据,通过对比和综合分析,得出区域稳定性评判结果:该区段属基本稳定区。

该河段右岸临黄堤防位于冲积平原区,参考黄委设计院编制的《黄河下游"十五"防洪工程建设可行性研究报告》和《黄河下游堤防工程地质勘察与研究回顾》,地层一般分为上、中、下三部分:上部均为人工填土,以砂壤土、壤土为主,局部夹粉质黏土、黏土或砂土团块;中部为第四系全新统河流冲积层,各土层的连续性较差,相变较大,整体来看,以砂壤土、壤土为主,局部夹黏土或砂土透镜体,厚度一般为18～28 m;下部为第四系上更新统河流冲积层,多以黏粒含量较大的壤土和黏土为主。

4.5.2 实时安全监测项目选择

防洪工程非实时信息采集内容较多,主要是已有的工程历史信息,采集录入方法较为简单,在此不再赘述。下面重点说明实时安全监测信息采集的设计。按照水利工程安全监测规范,试点工程安全监测项目包括以下内容。

4.5.2.1 赵口控导及堤防

(1)渗流监测:包括堤身渗流(浸润线)、堤基渗流、渗流量以及相应的临河水位、背河地下水位观测;

(2)堤身及基础的变形监测:包括垂直变形(沉陷、塌陷)、水平变形(堤身滑动,包括沿软弱夹层滑动),如有裂缝,还有裂缝监测;

(3)堤身应力监测;

(4)地震反应监测(包括振动液化监测);

(5)堤身隐患探测(包括洞穴、裂缝、松软带);

（6）险工堤段坝、垛根石走失监测；

（7）重点堤段外部可视化监视。

4.5.2.2 杨桥闸工程

（1）水闸与大堤结合部渗流监测；

（2）水闸与大堤结合部开合、错动变形监测；

（3）上下游水位监测；

（4）闸基扬压力监测；

（5）水闸建筑物变形（包括垂直、水平变形）监测；

（6）闸体裂缝监测；

（7）重点部位可视化监视；

（8）大洪水期间其他常规安全监测，如大型漂浮物撞击等。

考虑黄河下游堤防、引黄涵闸是运行多年的已建工程的特点，监测项目可适当减少。从近年来险情统计情况可知，堤防、涵闸工程的破坏主要来自水流的渗透破坏和涵闸不均匀沉降造成的破坏。因此，监测项目主要考虑渗流监测和变形监测。

杨桥闸的可视化监视（3 个摄像头）和渗流、变形等安全监测设施已经建成，可直接采集和接收实时监测信息。

4.5.3 赵口控导安全监测断面的布置

4.5.3.1 渗流监测仪器布置

根据上述的河段工程地质情况分析，将赵口控导段堤防的渗流监测分为堤身渗流（浸润线）监测、堤基渗流监测，均采用渗压计监测。临河水位采用超声波水位计监测。观测断面选在 21 号护岸中间处。除在观测断面上设置渗压计观测堤身及堤基渗压力外，为了控制整个赵口堤段的渗流状况，还要于观测断面的上、下游 50 m 处设渗压计测点，以便建立堤防三维分布数学模型。其具体布置如图 4-44、图 4-45 所示。

4.5.3.2 现场监视仪器布置

为了实时监视险工坝垛变形、堤防变形和水流状况，便于日常管理和维护，沿赵口控导坝段布设视频监视设备。视频监视要求远者可扫描河势、水流以及堤防状况，近者可监视险工坝垛变化和堤防的水位变化。视频监视共布设 2 个点，具体位置在赵口控导 5 坝和堤防渗流监测断面处。

4.5.3.3 根石走失监测仪器布置

险工坝垛对保护大堤安全起着十分重要的作用，而坝垛的稳定与否又决定于根石基础的强弱。据 1983 ~ 1998 年 16 年间的统计资料，黄河河南段 80% 的险情是由于根石走失造成的。因此，对根石稳定状况进行监测具有重要意义。为此，在设计中选取赵口控导 7 号坝进行根石走失监测，共设 5 支位移计。

4.5.4 数据信息采集及传输

设在现场的监测仪器（渗压计、水位计）将测试的物理量（压力、变形变化）转换成电参数，这还只是模拟信号，需通过设在现场的测量控制单元（MCU），将模拟信号转换为数

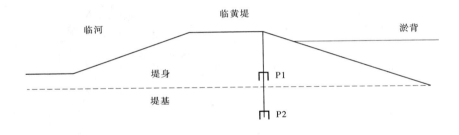

(a)辅观测断面(上游)

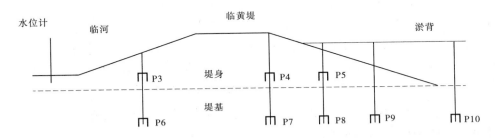

(b)主观测断面

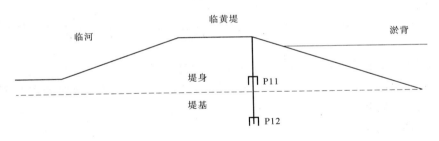

(c)辅观测断面(下游)

图例　🔲为P2渗压计及其编号

图 4-44　赵口控导渗流监测断面布置图

字信号后,联入网络,通过远程传输至各级管理单位。由现场视频摄像头采集到的视频信息,通过设在现场的视频接入终端,完成对视频信息的编码、压缩,联入网络,远程传输至各级管理单位。

软件采用基于 Windows 98/NT/2000 网络环境的新型工程安全监控管理系统软件 DSIMS,其中,数据采集智能模块 NDA 具有测量精度高、功能齐全、抗干扰能力强、运行稳定等特性,其功能有以下几项。

4.5.4.1　对 NDA 的状态控制功能

(1)协调 NDA 的测点群:用于改变 NDA 每次定时启动测量时测量的通道。

(2)设置 NDA 时钟:该功能用计算机时钟校正 NDA 的时钟。

(3)DNA 自诊断:该功能用于启动 NDA 的自诊断功能,并实时返回自诊断的结果。

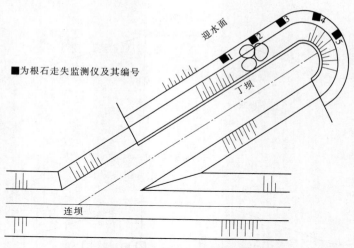

图 4-45 根石走失监测断面监测仪器布设

（4）复位 NDA：使用该功能将清除 NDA 中存储的所有定时观测值。

4.5.4.2 对 NDA 的状态查询功能

（1）查询 NDA 的采集周期：使用该功能可以方便地查询 NDA 定时启动的测量时间和测量周期。

（2）查询 NDA 的测点群：使用该功能可以查询 NDA 每次定时启动测量时测量的通道。

（3）查询 NDA 时钟：该功能用于查询 NDA 的时钟。

（4）查询 NDA 测次：该功能用于查询 NDA 在过去的一段时间内启动定时测量的次数和每次测量的时间。

4.5.4.3 测量控制功能

（1）设置 NDA 的采集周期：使用该功能可以让用户根据实际需要，改变各 NDA 定时启动的测量时间和测量周期。

（2）取 NDA 定时观测值：该功能用于将保存在 NDA 中的定时观测值传输到计算机。

（3）选测：该功能控制 NDA 对用户选定的测点进行测量。

（4）单检：该功能允许用户对某一台仪器进行巡回测量，并实时反馈测量的结果。

4.5.4.4 数据存储功能

（1）定时测量数据：对定时测量数据，在取 NDA 定时观测值后，系统将自动把采集到的电测量实时计算变换成物理量，然后将原始电测值和对应的物理量自动永久保存。

（2）选测数据：对选测的数据，在取选测测值后，系统将自动把采集到的电测量实时变换成物理量，然后将原始电测值和对应的物理量临时保存起来，如果用户需要，可以选"保存选测值"功能，记录保存选测值。

4.5.4.5 数据越限报警功能

取数据时，系统将自动对测值进行故障判别和粗差校验，对各校验结果给出报警标志。

4.5.4.6 系统辅助功能

(1)日测值查询。选该功能时,系统将显示所有自动化仪器当天最后一次测值。若输入时间,则可显示该时间测量的测值。测值可选电测量或物理量。

(2)时段测值查询。选该功能时,系统将显示所选仪器指定时段的测值。测值可选电测量或物理量。

(3)单只仪器测值查询。该功能用于查询某只仪器指定时段的测值。测值可选电测量或物理量。

(4)测点信息查询。该功能用于查询某只仪器的特征信息。

(5)计算机系统信息查询。该功能用于查询计算机所有系统信息,包括 CPU 信息、系统资源状态信息。

(6)自报功能。该功能用于设置系统的工作方式,设置成自报方式时,系统将自动传输 NDA 的定时测量数据。

(7)过程线绘制。对每次传输的定时采集数据,只要选择某一测点,系统即自动绘制该测点的测值过程线。

4.5.4.7 在线打印

该功能将即时打印当前激活窗口内系统设定的内容。

4.5.4.8 在线帮助

系统为用户提供一个详细的具有标准 Windows 风格的在线帮助系统。

赵口堤段和杨桥闸已铺设了通信光缆,因此现场 MCU 与各级管理单位服务器的传输均通过光缆进行。其在线监测信息流向图见图 4-46。

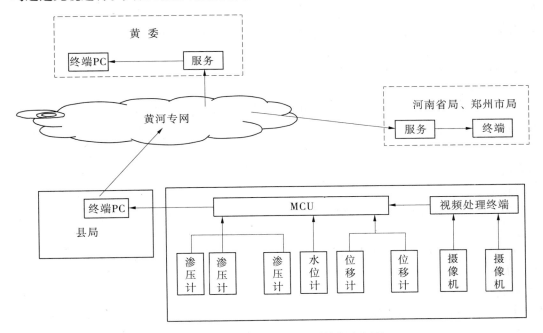

图 4-46　赵口控导在线监测信息流向图

依靠安全监测仪器进行数据采集,可实现实时监测、定时召测和自动入库;日常情况下,每天定时测值一次并实现自动入库;特殊情况下,如洪水期,可加密测次并入库。

4.5.5　数据信息在线处理

数据信息在线分析处理是对工程安全监测仪器采集数据的预评估,不同于安全评估系统中的安全评估,一般不作为预报、决策的依据。但它对异常数据的判伪、日常管理水平的提高、工程运行规律性的认识、提高安全评估的准确性等方面具有重要的意义。

在线分析处理是通过建立工程安全预报模型,制定相应的安全限值来实现的,限值基本反映工程的"安全度",超限时则报警。在线分析处理报警信息按照黄委、省、地(市)、县工程管理部门的级别区别对待,级别越低响应的功能越简单;级别越高响应的功能越完善,相应的报警准确度也越高。

4.5.6　现场监测仪器选型

4.5.6.1　渗压计选型

渗流监测采用的设备为渗压计。渗压计的类型很多,如振弦式、差动电阻式、电容式、压阻式等。除振弦式仪器外,其他仪器存在长期稳定性差、对仪器电缆要求苛刻、传感器本身信号弱、受外界干扰大的缺点。振弦式仪器采集是频率信号,具有信号传输距离长(可达到 2~3 km)、长期稳定性好、对电缆的绝缘度要求较低、便于实现自动化等特点,还可以自带温度传感器,同时进行温度观测。鉴于上述原因,本工程拟采用振弦式渗压计。

在众多振弦式仪器生产厂家中,国内生产的振弦式仪器尽管起步较早,但受材料以及加工工艺等条件的限制,产品质量较差,如长期稳定性差、零漂大、精度低等,满足不了本工程的实际需要。鉴于上述原因,本工程的振弦式渗压计拟采用进口产品。

近年来,国内工程采用较多的进口振弦式仪器有美国 Sinco 公司、Geokon 公司和加拿大 Rotest 公司的产品,这些公司的产品性能价格比相差不大,等待通过竞标后选用。

4.5.6.2　水位计选型

目前临河水位适宜用自动化监测的方法有电子水尺、超声波水位计、压力传感器等。对于水位自动化监测,大多采用压力传感器(振弦式)方法监测,该法具有精度高、性能稳定、造价低、安装简便、便于实现自动化等优点。但由于黄河水流的高含沙量对水位测值的影响,压力测值转化为水位值需要采取一定的技术措施。测值不太直观,而且会形成一定的测量误差。

超声波水位计在数据传输、精度、性能等方面有其一定的优越性,目前在黄河工程上已有许多的应用,实践效果良好。因此,本次拟采用超声波水位计监测临河水位。

4.5.6.3　根石走失(变形)监测设备选型

根石走失(变形)监测采用大量程位移计监测根石变形。大量程位移计有滑动电阻式、旋转编码式、振弦式等,其生产厂家也很多,通过比较,拟选用国内公司的产品。

4.5.6.4　数据测量控制单元选型

国内外厂家生产的数据测量控制单元,型号众多。根据工程实践和调研,美国 Geomation公司生产的 MCU2380 系列和南京南瑞集团生产的 DAU2000 系列,应用效果较好。但美国 MCU2380 系列产品价格比较昂贵,系统发生故障后,不便于维修;南瑞产品的价格只有前者的一半,且已有在国内 100 多个大型水利水电工程中的实际应用经验,系统发生故障后,也便于及时维修。通过性能价格综合比较,数据测量控制单元拟选用 DAU2000 系列产品。

(1) DAU2000 的功能。

①可以连接各种类型的安全监测仪器,适应水利水电工程现场的恶劣环境条件。

②采用开放型智能节点驱动结构,网络系统的节点(MCU)不需中央主机指令控制,能独立自主运行,完成数据采集、预处理、暂存储、通信(传输)等功能。也就是说,在其自身日历时钟维持下,完成测量、工程单元转换、统计计算、报警检验、数据缓冲(暂储存)、通信(包括 MCU 间的等层通信和向中央主机的通信)。

③通信组网灵活、方便、运行稳定可靠。支持无线电、微波、卫星及普通双绞线、光纤、公用电话网等多种媒介远程通信,支持多中心、多中继、多媒介远近程混合组成的通信网络。

④具有电源管理功能。包括供电电源转换、电源调节、电源控制,具有电池供电功能,可在脱机情况下根据系统的设定自动采集和存储数据,标配 3 AH 或 4 AH 免维护蓄电池,供电时间可达 7 天,无市电情况下可选配大容量蓄电池或太阳能电池。

⑤具有掉电保护和时钟功能,能按任意设定的时间自动启动进行单检、巡检、选测和暂存数据。

⑥可接受监控主机的命令选定、修改时钟和测控参数。

⑦具有同监控主机进行通信的功能,可实现常规巡测、定时巡测、常规选测、检测召测及人工测量等。

⑧可接入便携式仪表实施现场测量,可用监控主机、便携式计算机从 DAU2000 中获取全部测量数据。

⑨具有防雷、抗干扰功能,防雷电感应 500 ~ 1 500 W。

⑩能防尘、防腐蚀,适用于恶劣温度环境。工作温度为 - 10 ~ + 50 ℃(- 25 ~ + 60 ℃可选)、湿度≤95%。

⑪具有自检、自诊断功能,能自动检查各部位运行状态,将故障信息传输到管理计算机,以便用户维修。

(2) DAU2000 的技术指标。

①采用标准 RS - 485 现场总线,支持 32 个节点(NDA 智能模块),传输距离与速率为:1 200 bps/3 km,9 600 bps/1.2 km;南端的 RS - 485 中模块用于 485 总线的节点扩展、分支和延长通信距离。

②每个 DAU2000 的通道数:标准配置 8 ~ 32 个通道,即 1 ~ 2 个 NDA 数据采集模块。

③采用对象:电容式、电阻式、压阻式、电感式、振弦式(国内外、单双线圈),电位器式等传感器;此外,还可采集输出为电流、电压等带有变送器的传感器。

④测量方式:定式、间断、单检、巡检、选测或任设测点群。

⑤定时间隔:1 min 至每月采样 1 次,可按不同需要设置。

⑥采样时间:2～5 s/点。

⑦适应工作环境:-10～+50 ℃(-25～+60 ℃可选)、湿度≤95%。

⑧DAU 平均无故障时间(MTBF):20 000 h。

⑨系统防雷电感应:500～1 500 W。

⑩数据存储容量:大于 300 测次。

4.5.6.5 视频监视设备选型

(1)视频摄像头的选择。

摄像机长期在室外环境使用,在没有特殊要求的情况下全部采用带自动光圈的摄像机,根据光强的变化,自动调节光圈,使在不同光照条件下摄制的图像信息不会存在很大的变化。这里拟选用美国的 DK-610HP 彩色一体化摄像机。

DK-610HP 彩色 CCD 摄像机指标:450 线,1.5LUX,自动电子快门,可切换背景光补偿相位,可调线路锁定,EE 或 DS 型镜头驱动,内部隔离变压器,伽马校正。

(2)视频接入终端选择。

视频接入终端主要完成对模拟图像的数字处理、压缩编码和 IP 介入功能。要求具有以下几项功能。

①1 路模拟图像输入,支持 PAL 制式图像标准;

②在较低的带宽上传输每秒 30 幅画面的高质量图像;

③具有网络接口,可以实现模拟图像的 IP 接入;

④以太网接口符合 10/100Base-T 标准,支持 RTP、UDP/IP、TCP/IP、IGMP(广播方式)传送协议和 DNS&DHCP 客户,HTTP1.1(Web 服务器)协议;

⑤能够提供用户密码保护;

⑥具有 RS232/422/485 接口,可与云台解码器和其他设备实现透明串口连接;

⑦具有开放性的软件界面,支持多客户端的视频访问;

⑧纯硬件设计,运行稳定、可靠。

根据以上功能要求,经过调研、实验和分析,拟选用加拿大 COMLINK 公司的 Smart-Sight 系列视频接入终端设备。该设备是加拿大 COMLINK 公司研制的纯硬件嵌入式数字图像处理设备,采用 MPEG4 编码算法,在 10/100Base-T 网络上以每秒 30 幅画面传送高质量的图像。可以使用 ISDN,PSTN,或 XDSL 路由器,在局域网、广域网或者国际互联网上简单地传播。本产品建立在开放的标准基础上,可以实现用户的多级共享浏览。

(3)云台及防护罩的选择。

监视区冬季最低气温低于-10 ℃,夏季最高气温可达到 40 ℃。云台及防护罩的工作在室外,要求在-20～50 ℃能正常工作,为了保护摄像机等器材,要求防护罩具有自动加热与自动风冷功能,同时防护罩还要备有雨刷。

天津亚安公司作为国内专业的云台及防护罩生产厂家,其产品已在杨桥涵闸计算机监控系统及小浪底图像传输系统应用,实践证明该产品稳定可靠。本设计拟采用 YA4718SHK-WW47 室外防护罩和 Y3050DH-220V 室外云台等设备。云台及防护罩外形分别如图 4-47 和图 4-48 所示,性能规格见表 4-1 和表 4-2。

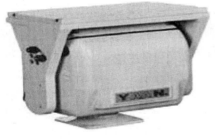

图 4-47　云台外形图

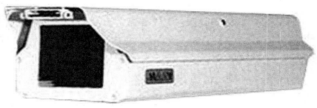

图 4-48　防护罩外形图

表 4-1　云台性能规格

型号	Y3050D
输入电压	AC　24 V/220 V　50 Hz/60 Hz
输入功率	10 VA
连接器	两组有 12 个螺钉定位的接线板
旋转角度	水平:0～350° 垂直:0～90°
旋转限位	水平可调
旋转速度	水平:≥5.3 °/s,垂直:≥2.8 °/s
有效扭矩	水平:18.8 kg·cm,垂直:26.8 kg·cm
反转方式	水平转动方式时瞬时反转(由反转切换器执行)
载重能力变化	水平:连续不变,垂直:间断变化
工作温度	-20～60 ℃

表 4-2　防护罩性能规格

型号	YA4718
输入电压	AC　24 V/220 V　50 Hz/60 Hz
输入功率	加热器:50 W,风扇:20 W(220 V 型) 加热器:30 W,风扇:5 W(24 V 型)
环境温度	-20～60 ℃
材料	铝合金
自动温控	加热:ON　10 ℃±5 ℃　OFF　20 ℃±5 ℃ 风扇:ON　35 ℃±5 ℃　OFF　27 ℃±5 ℃
环境标准	IP66(如有风扇 S 型为 IP34)
雨刷	WW47 配 YA4718

本系统所选用云台及相关防护设施均为天津亚安公司产品。其特点为:摄像机和镜头控制电缆直接通过云台内部与外部连接,无零乱电缆;外型美观,材料选用高强度阻燃ABS,符合消防要求;配有圆形和方形安装板,不需另外安装支架;电机选用瑞士 SAIA 电机及减速箱,在 60 ℃条件下可连续运行 10 000 h 以上,运行平稳。

特点:Y4700 系列室外中型防护罩设计用于安装带定焦或变焦镜头的 CCD 摄像机;YA 系列采用气动支撑杆辅助前开式顶盖,YB 系列无气压支撑杆;铝合金制造,有 18、22英寸两种规格;可按现场需要选择安装风扇、加热器、除霜器、遮阳罩、雨刷等;选用遮阳罩可降低内部温度 3 ~ 5 ℃;底部有两处密封电缆入口,最大电缆直径 1.3 cm。

4.5.7　安全监测信息查询及图形分析

安全监测数据分为定时数据和召测数据两大类。

定时数据:设置每天早 8 时和晚 8 时各 1 次;

召测数据:根据实际需要,随时可以进行数据召测。

安全监测子系统包括:数据采集及传输、数据在线处理、数据查询及图形分析 4 部分。见图 4-49。

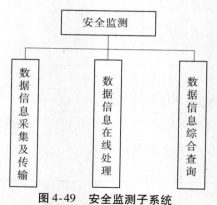

图 4-49　安全监测子系统

该子系统可根据不同时间选择单点或多点对实时和历史数据进行查询,还可以根据监测数据绘制柱状图和测点走势图,并对图形进行分析,掌握工程运行状况。

4.6　涵闸安全评估子系统

随着"数字黄河"工程的建设,在一些涵闸如:郑州杨桥、开封柳园口、开封黑岗口、齐河李家岸等已经埋设了安全监测仪器,监测内容包括渗透压力、垂直位移、水位监测等。建立试点涵闸评估模型,对涵闸的运行状态做出系统的、科学的评估,以便为涵闸除险加固提供依据;在高水位运行时能随时掌握其运行状况,增强防守工作的针对性和有效性,降低抢护成本,确保穿堤建筑物自身及其与堤防结合部的安全。

如何根据防洪工程监测数据,实时、正确、有效地评估工程内在、外在质量和安全状况,关键在于工程安全评估模型的建立。安全评估模型是否正确关系到系统建设的成败。

涵闸安全评估子系统包括:抗渗稳定分析、测压管水头预测、抗滑稳定性分析及测值

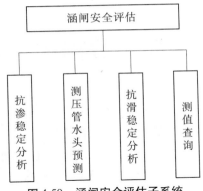

图 4-50　涵闸安全评估子系统

查询 4 个部分,见图 4-50。

　　该子系统通过人机交互,可以根据用户输入的条件对涵闸进行抗渗稳定性分析、抗滑稳定性分析、涵闸测压管水头预测以及涵闸测值查询、测值过程线分析等(见图 4-51)。根据测值及各项分析结果,综合评估涵闸的安全性能,实时掌握涵闸运行状态,为决策提供科学依据。详细的设计、模型研发以及模型参数率定请参看 7.2 节涵闸安全评估模型。

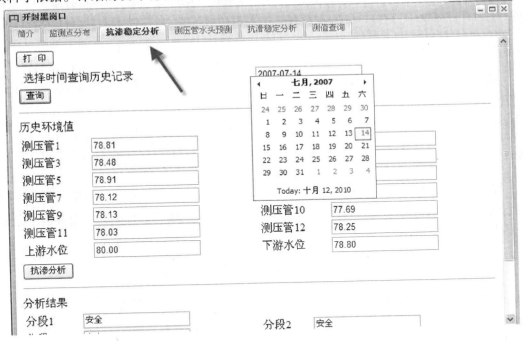

图 4-51　抗渗稳定性分析

第5章 数据库设计

黄河防洪工程基础数据库建立在黄河数据中心,系统由数据库管理系统、数据库存储平台组成。因防洪工程基础数据库是面向黄委各应用部门的基础信息,数据的存储采用集中的方式,并通过黄河数据中心的数据共享访问与数据交换平台,为黄河各级各类治黄应用系统和用户提供防洪工程基础信息查询、数据下载、数据交换等服务。

5.1 数据库设计原则

为规范黄河防洪工程基础数据库建设,实现流域工程管理数据的共享及分布式存储,根据国家现行标准结合黄河工程管理实际,数据库设计适用于"数字黄河"工程中各级黄河防洪工程基础数据库的建设,在黄河防洪工程基础数据库建设中,除应符合本设计原则外,还应符合国家现行有关标准、规范与规定等。

5.1.1 需求牵引,应用至上

在进行防洪工程基础数据库设计时,应充分考虑用户实际的和潜在的需求,如数据库用户的增加、应用服务的增加、数据量的逐年递增等。充分考虑到将来业务可能的发展,为今后系统的升级与扩展留有充分的余地,使之具有持久的生命力。

5.1.2 先进性和实用性相结合

在进行数据库设计时,应采用最先进的设计理念并且要充分考虑所采用技术的成熟与稳定,同时还要保证系统实用性和实时响应性,最大限度地满足各业务系统对数据管理与数据应用的需求。

5.1.3 安全性原则

防洪工程基础数据库设计应充分利用当前数据管理新技术,使各类数据库具备数据系统安全和访问安全的技术措施,全面保证各类信息安全。

5.1.4 标准化、规范化的原则

数据的分类、数据库的设计等都遵循国家和行业主管部门的规范及标准,如没有统一的规范和标准,则参照相关的规程和标准进行规范化设计。技术的标准化程度标志着技术的成熟性,选择标准化好的技术及规范会降低系统的维护成本,提高数据资源的共享性。

5.1.5 数据完整性、一致性原则

系统设计时充分考虑黄委数据存储与管理体系中数据中心和分中心各级数据的数据完整性,应采用分布式存储技术和相应的数据存储规则,以保证各级数据的一致性。

5.2 数据库设计依据

数据库设计依据有以下几项:
(1)《中华人民共和国标准化法》;
(2)《水利水电技术标准编写规定》(SL 01—2002);
(3)《堤防工程管理设计规范》(SL 171—96);
(4)《水库工程管理设计规范》(SL 106—96);
(5)《混凝土大坝安全监测技术规范》(DL/T 5178—2003);
(6)《水闸技术管理规程》(SL 75—1994);
(7)《水闸工程管理设计规范》(SL 170 —96);
(8)《软件工程术语》(GB/T 11457—1995);
(9)《计算机软件开发规范》(GB 8566—1988);
(10)《中华人民共和国计算机信息系统安全保护条例》;
(11)《计算机软件产品开发文件编制指南》(GB 8567—88);
(12)《"数字黄河"工程规划》;
(13)"数字黄河"工程建设有关规定。

5.3 数据编码原则与标准

5.3.1 数据编码原则

黄河防洪工程基础数据库的代码编制主要根据国家、水利部和黄河水利委员会颁布的有关技术标准,结合黄河的实际情况编制的。对国家、水利部已颁布的相关编码标准,能满足系统需求的本系统将直接采用,如行政区划代码、河流代码等。对不能满足需求或尚未制定的编码规则,将根据工程实际情况予以补充或建立新的编码规则,具体原则为:

(1)科学性、系统性:依据现行国家标准及行业标准,并结合水利工程的特性与特点,以适应信息处理为目标,对主要建筑工程基础设施按类别、属性或特征进行科学编码,形成系统的编码体系。

(2)唯一性:每一个编码对象仅有一个代码,一个代码只标识一个编码对象。

相对稳定性:编码体系以各要素相对稳定的属性或特征为基础,编码在位数上也留有一定的余地,能在较长时间里不发生重大变更。

(3)完整性:编码既反映编码要素的属性,又反映要素间的相互关系,具有完整性。

（4）简单性及实用性原则：代码的结构尽量简单，长度尽量短，以减少计算机存储空间和数据录入的差错率。代码的含义清晰，反应出编码要素的特点，以助记忆。

（5）规范性原则：代码的结构、类型以及编写的格式统一，便于系统的检索和调用。

5.3.2　数据编码标准

目前黄委已颁布执行的编码标准主要有如下内容：

（1）《中国河流名称代码》（SL 249—1999）；

（2）《中国水库名称代码》（SL 249—1999）；

（3）《黄河堤防断面代码》（SZHH 23—2005）；

（4）《黄河防洪工程基础信息代码编制规定》（SZHH 07—2003）；

（5）《黄河防洪工程基础信息代码编制规定》（SZHH 10—2003）；

（6）《黄河水闸代码》（SZHH 20—2005）；

（7）《黄河堤防分段代码》（SZHH 22—2005）；

（8）《黄河治河工程代码》（SZHH 19—2005）等。

5.4　数据库结构设计

5.4.1　数据库逻辑结构设计

5.4.1.1　表结构说明

每个设计表结构的描述内容包括中文表名、表标识、表结构等几个方面：

（1）中文表名是每个表结构的中文名称，其使用简明扼要的文字，表达该表所描述的内容；

（2）表标识是每个数据表的中文名称，在进行数据库建设时，用作数据库的表名；

（3）表结构以表格的形式列出表中的每个字段以及每个字段的字段代码、中文内容、类型、长度、小数位数、主键、非空字段、备注等。

5.4.1.2　数据库表结构设计

黄河防洪工程基础数据库中包括大量的信息，包括各种历史数据、实时数据，以及工程信息、GIS 数据、监测信息、多媒体信息、流域 DEM 数据和遥感卫星影像等。为了便于数据库中海量信息的有效组织和管理，从总体上将黄河防洪工程基础数据库分为工程信息数据库、基础地理信息数据库、安全监测及评估数据库以及相关支持数据库 4 类。

5.4.2　数据分类

防洪工程基础数据库从两个方面对工程数据进行分类，一是按数据本身的格式特征进行分类，二是按防洪工程的类型进行分类。

5.4.2.1　按数据的格式特征分类

防洪工程基础数据库存储的数据类型包括：

工程基本特征值（例如：设计高程、设计洪水标准、工程安全监测等），这类数据属结构化数据。

工程图(包括流域水系图、工程详图等),可能是扫描图,也可能是用 AutoCAD 等软件绘制的电子图。

音像资料包括:数字图像、声音数据、视频数据等。

工程图和音像资料均属非结构化数据。

在防洪工程基础数据库中,所有工程特征值,即结构化数据又分为表 5-1 所示类型。

表 5-1　工程基础数据库中的数据类型

1	CHAR( )	可变长字符型,括号内为字段的最大长度	C(40):字段为字符型,最多可输入 40 个字符或 20 个汉字
2	NUMBER( )	整数型,括号内是整数的位数,括号外右侧是计量单位的中文名称	NUMBER(2)米:数字型,2 位整数,单位为"米",例如:"25 米"
3	NUMBER(,)	浮点型,括号内逗号前是字段总长度,逗号后是小数的位数,括号右侧是计量单位的中文名称	NUMBER(8,3)米:数字型,小数点前可填 4 位(到千),小数点后为 3 位,单位是米,例如"2 345.234 米"
4	TEXT	文本型,可用于大文本的存储	如"备注"、"存在问题"等
5	VARCHAR( )	变长度字符型,也可用于大文本的存储	
6	DATE	日期型,计到日。 格式为:×××× - ×× - ×× hh:mm 表示: 年 月 日 hh:mm	1994-05-22 12:01
7	LONG RAW	用于嵌套工程图或照片、视频文件等	

5.4.2.2　按工程类型分类

根据黄河水利工程的类型,黄河工程基础信息库主要包括堤防工程、河道整治工程、水闸工程、穿堤建筑物、跨河工程、险点险段、水库工程、生物工程、附属设施、防汛道路、工程安全状况等信息。

5.4.3　工程信息数据库

工程信息数据库主要内容包括:堤防工程、河道整治工程、水闸工程、穿堤建筑物、跨河工程、险点险段、水库、生物工程、附属设施、工程管理单位等信息。

5.4.4　基础地理信息数据库

基础地理信息数据库主要内容包括:黄河流域边界、流域覆盖各级行政区、管理单位、黄河河道及支流水系、各类防洪工程、黄河断面等地理要素信息及黄河流域 DEM 高程数据。

5.4.5　安全监测及评估数据库

安全监测及评估数据库主要内容包括:各类监测信息及评估模型、参数等。

5.4.6　相关支持数据库

相关支持数据库主要内容包括:国家、水利部、黄委颁发的相关法律、法规、标准、设计规范、工程的安全指标、人工巡视检查的评判标准、观测中误差限值、专家知识经验、历史事件的破坏概率和破坏情况、相似工程有关情况等信息。

5.5　数据库设计内容

5.5.1　堤防工程

堤防工程信息包括:堤防(段)一般信息表、堤防(段)基本情况表、淤临淤背工程基本情况表、前后戗工程基本情况表、防渗墙工程基本情况表、堤防横断面参数表、堤防横断面基本情况表、堤防水文特征表、堤防(段)历史决溢记录表、堤防工程图(图像)及照片资料表。

5.5.1.1　堤防(段)一般信息表

用来存储县(区)河务局所管辖堤防(段)的一般信息,包括:堤防(段)工程代码、管理单位代码、资料更新日期、资料更新责任人、河流代码、岸别、堤防(段)级别、地震基本烈度、抗震设计烈度、工程坐标零点位置、堤防完整性、水准基面、假定水准基面位置及情况介绍等内容。

5.5.1.2　堤防(段)基本情况表

用来存储县(区)河务局所管辖堤防(段)的基本信息,包括:堤防(段)工程代码、资料更新日期、资料更新责任人、岸别、堤防(段)起点位置、堤防(段)起点桩号、起点堤顶高程、终点位置、终点桩号、终点堤顶高程、堤防(段)类型、险点、险段处数、堤防安全监测设施情况、堤防(段)长度、险工处数、险工堤段长度、平工堤段长度、平工堤段最大堤高、平工堤段平均堤高、最大堤顶高程、最大堤顶高程所在桩号、最小堤顶高程、最小堤顶高程所在桩号、最大堤顶宽度、最大堤顶宽度所在桩号、最窄堤顶宽度、最窄堤顶宽度所在桩号、堤顶平均宽度、堤顶路面形式及完好情况、石化护坡处数、石化护坡总长度、临河堤脚平均高程、临河滩地平均高程、临河滩地平均宽度、险点险段处数、堤段内水闸处数、堤段内虹吸处数、临堤村庄个数、近堤坑塘处数、存在问题等内容。

5.5.1.3　淤临淤背工程基本情况表

用来存储县(区)河务局所管辖堤防(段)淤临淤背工程的基本信息,包括:堤防(段)工程代码、管理单位代码、淤区类别、资料更新日期、资料更新责任人、岸别、起点位置、起点桩号、终点位置、终点桩号、淤筑开始时间、淤筑结束时间、淤筑形式、淤区长度、淤区平均宽度、淤区平均高程、包边盖顶厚度、边坡比(淤区)、工程投资、淤筑土方、淤区开发情况、工程设计单位、施工单位、备注等内容。

5.5.1.4 前后戗工程基本情况表

用来存储县(区)河务局所管辖堤防(段)前后戗工程基本信息,包括:堤防(段)工程代码、戗台类别、资料更新日期、资料更新责任人、岸别、历史出险情况、戗台结构形式、渗水部位、起点位置、起点桩号、终点位置、终点桩号、戗台长度、戗台平均宽度、戗台平均高程、边坡比(戗台)、抢险料物使用情况、戗台防渗效果、工程投资、备注等内容。

5.5.1.5 防渗墙工程基本情况表

用来存储县(区)河务局所管辖堤防(段)防渗墙工程基本信息,包括:堤防(段)工程代码、防渗墙名称、资料更新日期、资料更新责任人、岸别、历史出险情况、修建时间、建成日期、地基地质、防渗墙类型、防渗墙施工工艺、起点位置、起点桩号、终点位置、终点桩号、防渗墙长度、防渗墙宽度、防渗墙深度、防渗墙质量检测情况、工程设计单位、工程建设单位、工程投资、备注等内容。

5.5.1.6 堤防横断面参数表

用来存储某个堤防断面的测量信息,包括:堤防断面代码、测量日期、起点距、测点高程、起始点位置等内容。

5.5.1.7 堤防横断面基本情况表

用来存储某个堤防断面的基础信息,包括:堤防断面代码、堤防(段)工程代码、大堤横断面桩号、资料更新日期、资料更新责任人、设防流量、警戒水位、设计堤顶高程、2000年设防水位、临河滩地宽度、临河护堤地宽度、临河堤脚高程、前戗顶高程、前戗顶宽、边坡比(前戗)、边坡比(临河)、临河护坡情况、堤顶宽度、堤顶高程、堤身土质、堤身防渗工程形式、堤身高度、后戗顶高程、后戗顶宽、边坡比(后戗)、背河淤区高程、背河淤区宽度、背河淤区围堤顶高、背河淤区围堤顶宽、边坡比(背河)、背河护坡情况、背河堤脚高程、背河柳荫地宽度、历史出险情况、备注等内容。

5.5.1.8 堤防水文特征表

用来存储县(区)局管辖区堤段的水文特征值,包括:堤防断面代码、资料更新日期、资料更新责任人、设计洪水标准、设计洪水位、保证水位、警戒水位、设防流量、历史最大洪峰流量、历史最大洪峰流量发生日期、历史最高水位、历史最高水位发生日期、备注等内容。

5.5.1.9 堤防(段)历史决溢记录表

用来存储县(区)局管辖区堤段的历史决溢情况,包括:堤防(段)工程代码、决溢地点、决溢时间、资料更新责任人、决溢形式、决溢原因、淹没面积、受灾面积、淹没城镇、淹没村庄、淹没耕地、财产损失、受灾人口、死亡人数、修复日期、修复措施、修复资金、备注等内容。

5.5.1.10 堤防工程图(图像)及照片资料表

用来存储县(区)局管辖区堤段的堤防工程图(图像)及照片资料,包括:序号、堤防(段)工程代码、资料更新日期、工程图(图像)及照片、备注等内容。

5.5.2 河道整治工程

河道整治工程包括:治河工程一般信息表、治河工程基本情况表、坝垛护岸基本信息表、坝垛护岸年度资料统计表、治河工程图（图像）及照片资料表。

5.5.2.1 治河工程一般信息表

用来存储县（区）局管辖区堤段的治河工程一般信息，包括：治河工程代码、资料更新日期、管理单位代码、资料更新责任人、岸别、整治工程类别、工程结构形式、平面布局形式、河流代码、堤防（段）工程代码、所在位置、水准基面、假定水准基面位置、整治工程起点桩号、整治工程终点桩号、上游送溜工程、下游迎溜工程、治导线参数、被整治河段长度、整治工程历史沿革、河道整治流量、设计洪水标准、设计洪水位、设计流量、设计超高、治河工程安全监测设施情况、存在问题等内容。

5.5.2.2 治河工程基本情况表

用来存储县（区）局管辖治河工程的基本信息情况，包括：治河工程代码、资料更新日期、管理单位代码、资料更新责任人、始建时间、岸别、坝数、垛数、护岸数、工程长度、裹护长度、最大根石深度、平均根石深度、总土方量、总石方量、钢筋混凝土数量、总投资、定额备防石料、实存备防石料、备注等内容。

5.5.2.3 坝垛护岸基本信息表

用来存储坝垛护岸基本信息，包括：治河工程代码、坝、垛、护岸号、资料更新日期、年度、资料更新责任人、别名、公里桩号、治河工程类型、工程结构形式、坝头形式、修整类型描述、始建时间、工程作用、坝档距、主次坝、坝交角、坝（垛、护岸）长度、裹护长度、口石结构、口石尺寸、口石高程、土眉子结构、土眉子宽度、坝面设计高程、坝面实际高程、根石工程结构、根石台长、根石台顶宽、根石台设计高程、根石台实际高程、根石台平均高程、边坡比（根石台平均）、边坡比（根石迎水面）、边坡比（根石坝前头）、边坡比（根石上跨角）、根石迎水面深度、坝头根石深度、上跨角根石深度、坦石围护长度、坦石顶设计高程、坦石顶实际高程、坦石工程结构、坦石长度、坦石顶宽、坦石平均高、边坡比（坦石）、边坡比（坦石坝头）、坝垛高度、土基设计高程、土基实际高程、土基坝长、土基顶宽、土基平均高、边坡比（土坝基）、边坡比（土坝基坝头）、坝垛土方用量、坝垛石方用量、坝垛铅丝用量、柳料用量、坝垛编织袋用量、坝垛土工布用量、护底沉排用量、护底沉排类别、混凝土量、钢材用量、工日、投资、坝垛备防石定额数量、坝垛备防石数量、单位坝垛备防石垛数、备防石数量整修量、坝垛情况说明等内容。

5.5.2.4 坝垛护岸年度资料统计表

用来存储坝垛护岸年度资料统计信息，包括：治河工程代码、资料更新日期、修整类型描述、年度、资料更新责任人、本年石料、本年土方、本年铅丝、本年麻绳量、本年麻袋量、本年编织袋量、本年土工布量、本年木桩量、本年柳秸料、本年混凝土量、本年钢材用量、本年工日、本年投资、备注等内容。

5.5.2.5 治河工程图（图像）及照片资料表

用来存储县（区）局管辖区的治河工程图（图像）及照片资料，包括：序号、治河工程代码、资料更新日期、工程图（图像）及照片、备注等内容。

5.5.3 水闸工程

水闸工程包括：水闸基本信息表和水闸工程图（图像）及照片资料表。

5.5.3.1　水闸基本信息表

用来存储水闸的基础信息,包括:水闸工程代码、管理单位代码、堤防(段)工程代码、行政区划代码、资料更新日期、资料更新责任人、水闸类别、水闸类型、水闸分等标准、岸别、桩号、水准基面、地震基本烈度、抗震设计烈度、闸门数量、孔口净高、孔口净宽、孔口内径、设计流量、校核流量、设计加大流量、设计防洪水位、校核洪水位、设计引水位、下游设计水位、最高运用水位、闸门底槛高程、消能方式、公路桥面高程、闸室洞身总长、闸门形式、闸门启闭方式、启闭机形式、启闭机台数、单机启闭力、电源配置、设计灌溉面积、实际灌溉面积、设计排水流量、安全鉴定级别、水闸安全监测设施情况、关联工程、测流方式、淤积情况、建设总投资、改扩建投资、竣工日期、改建竣工日期、存在问题等内容。

5.5.3.2　水闸工程图(图像)及照片资料表

用来存储县(区)局管辖区的水闸工程图(图像)及照片资料,包括:序号、水闸工程代码、资料更新日期、工程图(图像)及照片、备注等内容。

5.5.4　穿堤建筑物

穿堤建筑物包括:穿堤建筑物一般信息表、虹吸基本信息表、涵管信息表、其他穿堤建筑物基本信息表、穿堤工程图(图像)及照片资料表。

5.5.4.1　穿堤建筑物一般信息表

用来存储虹吸、涵管、管线等建筑物一般信息,包括:穿堤建筑物代码、资料更新日期、资料更新责任人、穿堤建筑物类别、管理单位代码、堤防(段)工程代码、行政区划代码、建成日期、建设总投资、工程位置、关联工程情况、水准基面、备注等内容。

5.5.4.2　虹吸基本信息表

用来存储虹吸工程的基本信息,包括:虹吸工程代码、资料更新日期、资料更新责任人、对应堤防桩号、孔数(管道条数)、管道内径、虹吸进水口形式、虹吸进水口高程、虹吸出口顶高程、虹吸出口底高程、虹吸管顶高程、虹吸管底高程、设计流量、设计防洪水位、设计引水位、设计出口水位、设计灌溉面积、基础结构形式、使用情况及存在问题等内容。

5.5.4.3　涵管信息表

用来存储涵管工程的基本信息,包括:涵管工程代码、资料更新日期、对应堤防桩号、资料更新责任人、工程用途、孔数(管道条数)、管道断面形状、管道净高、管道净宽、管道内径、进口底槛高程、出口底槛高程、涵管结构形式、启闭机形式、涵管数量、设计流量、设计防洪水位、设计灌溉面积、使用情况及存在问题等内容。

5.5.4.4　其他穿堤建筑物基本信息表

用来存储光缆、石油管线等工程的基本信息,包括:其他穿堤建筑物代码、资料更新日期、资料更新责任人、孔数(管道条数)、横断面形状、横断面几何尺寸、建筑物用途、建筑物对应的堤防桩号、进口底槛高程、出口底槛高程、结构类型、使用情况及存在问题等内容。

5.5.4.5　穿堤工程图(图像)及照片资料表

用来存储县(区)局管辖区的穿堤工程图(图像)及照片资料,包括:序号、穿堤建筑物代码、资料更新日期、工程图(图像)及照片、备注等内容。

5.5.5 跨河工程

跨河工程包括:跨河工程基本信息表、桥梁基本信息表、管线基本信息表、跨河工程图(图像)及照片资料表。

5.5.5.1 跨河工程基本信息表

用来存储渡槽、桥梁(含浮桥)、管道、倒虹吸、缆线等跨河工程的基本信息,包括:跨河工程代码、资料更新日期、管理单位代码、资料更新责任人、跨河工程类别、跨河工程与大堤交叉形式、水准基面、管理交通辅道、左岸桩号、左岸位置、左岸堤顶高程、右岸桩号、右岸位置、右岸堤顶高程、跨河工程处堤间距离、河槽宽度、地震基本烈度、抗震设计烈度、设计洪水重现期、设计洪水位、设计洪水流量、校核洪水重现期、校核洪水位、校核流量、通航设计最高水位、历史最高水位、历史最高水位发生日期、历史最大洪峰流量、历史最大洪峰流量发生日期、跨河工程地质情况、备注等内容。

5.5.5.2 桥梁基本信息表

用来存储桥梁工程的基本信息,包括:桥梁工程代码、资料更新日期、资料更新责任人、桥梁对应左岸桩号、桥梁对应左岸位置、桥梁对应右岸桩号、桥梁对应右岸位置、主桥类型、主桥长度、主桥面宽、副桥类型、副桥长度、副桥面宽、主桥面最高点高程、左岸主桥梁底高程、右岸主桥梁底高程、主桥孔数、副桥孔数、主桥桥孔净跨度、桥梁设计荷载、桥梁对通航与行洪的影响、备注等内容。

5.5.5.3 管线基本信息表

用来存储跨河管线工程的基本信息,包括:管线工程代码、资料更新日期、资料更新责任人、交叉方式、管线用途、管线类别、管线跨河长度、管(线)外径、设计洪水位以上净高或埋深、管线跨河部分下缘最低高程、管线支墩净跨度、河床冲刷深度、管线对通航与行洪的影响、备注等内容。

5.5.5.4 跨河工程图(图像)及照片资料表

用来存储县(区)局管辖区的跨河工程图(图像)及照片资料,包括:序号、跨河工程代码、资料更新日期、工程图(图像)及照片、备注等内容。

5.5.6 险点险段

险点险段包括:险点险段基本信息表和险点险段图像及照片资料表。

5.5.6.1 险点险段基本信息表

用来存储险点险段基本信息,包括:险点险段代码、河流代码、堤防(段)工程代码、管理单位代码、资料更新日期、资料更新责任人、起点桩号、终点桩号、险点编号、是否消除、(险点)长度、消除情况、险点险段位置、险点险段类型、险情级别(委、省级)、历史出险情况、处理情况、备注等内容。

5.5.6.2 险点险段图像及照片资料表

用来存储县(区)局管辖区的险点险段图像及照片资料,包括:序号、险点险段代码、资料更新日期、工程图(图像)及照片、备注等内容。

5.5.7 水库

水库包括:水库一般信息表、水库基本信息表、水库水文特征值表、水库工程图(图像)及照片资料表。

5.5.7.1 水库一般信息表

用来存储水库一般信息,包括:水库代码、资料更新日期、河流代码、资料更新责任人、管理单位代码、坝址所在地点、建成日期、工程等级、水准基面、假定水准基面位置、水库枢纽建筑物组成、存在问题、备注等内容。

5.5.7.2 水库基本信息表

用来存储水库的基本信息,包括:水库代码、资料更新日期、河流代码、资料更新责任人、总装机容量、坝轴线左端点坐标 X、坝轴线左端点坐标 Y、坝轴线右端点坐标 X、坝轴线右端点坐标 Y、地震基本烈度、抗震设计烈度、坝顶长度、坝顶宽度、坝体防渗措施、防浪墙顶高程、边坡比(上游坝坡)、边坡比(下游坝坡)、坝基地质、坝基防渗措施、改建情况、副坝坝型、副坝坝顶高程、副坝最大坝高、副坝坝顶长度、副坝坝顶宽度、副坝坝基防渗措施、正常,非常溢洪道泄水建筑物类型、泄水建筑物位置、底孔数、溢流坝长度、地基地质、孔口断面形式、孔口净高、孔口净宽、孔口内径、进口底槛高程、出口底槛高程、消能方式、进口闸门形式、进口闸门数量、启闭机型式、启闭机台数、启闭时间、启闭机电源、观测开始年份、观测项目、观测系列长、备注等内容。

5.5.7.3 水库水文特征值表

用来存储与水库相关的水文信息,包括:水库代码、资料更新日期、资料更新责任人、集水面积、多年平均降水量、多年平均流量、多年平均蒸发量、多年平均含沙量、多年平均输沙量、发电引用总流量、设计洪水位时最大泄量、校核洪水位时最大泄量、最小下泄流量、最小泄量相应下游水位、主坝类型、主坝长、总库容、防洪库容、最大坝高、水库坝顶高程、校核洪水位、设计洪水位、设计洪水标准、调节库容、正常蓄水位、死水位、死库容、汛限水位、汛限水位相应库容、历史最高水位、历史最高水位发生日期、备注等内容。

5.5.7.4 水库工程图(图像)及照片资料表

用来存储县(区)局管辖区的水库工程图(图像)及照片资料,包括:序号、水库代码、资料更新日期、工程图(图像)及照片、备注等内容。

5.5.8 生物工程

生物工程包括:行道林(门树)基本情况表、防浪林基本情况表、适生林基本情况表、草皮基本情况表、生物工程图像及照片资料表。

5.5.8.1 行道林(门树)基本情况表

用来存储行道林(门树)的基本信息,包括:管理单位代码、行道林代码、树种种类、种植时间、资料更新日期、资料更新责任人、起始桩号、终点桩号、(行道林)长度、株数、行距、株距、林木缺损率、备注等内容。

5.5.8.2 防浪林基本情况表

用来存储防浪林的基本信息,包括:管理单位代码、防浪林代码、树种种类、种植时间、资料更新日期、资料更新责任人、起始桩号、终点桩号、林带长度、平均宽度、种植面积、行距、株距、株数、林木缺损率、备注等内容。

5.5.8.3 适生林基本情况表

用来存储适生林的基本信息,包括:管理单位代码、适生林代码、树种种类、种植时间、资料更新日期、资料更新责任人、起始桩号、终点桩号、林带长度、平均宽度、种植面积、行距、株距、株数、林木缺损率、备注等内容。

5.5.8.4 草皮基本情况表

用来存储草皮的基本信息,包括:管理单位代码、草皮工程代码、草皮种植时间、草皮种类、资料更新日期、资料更新责任人、起始桩号、终点桩号、草皮面积、草皮覆盖率、备注等内容。

5.5.8.5 生物工程图像及照片资料表

用来存储县(区)局管辖区的生物工程图(图像)及照片资料,包括:序号、生物工程代码、资料更新日期、工程图(图像)及照片、备注等内容。

5.5.9 附属设施

附属设施包括:管护基地基本信息表、标志桩、界牌情况表、管护机械、器具情况表。

5.5.9.1 管护基地基本信息表

用来存储管护基地的基本信息,包括:管理单位代码、管护基地代码、资料更新日期、资料更新责任人、管护基地位置、管护基地面积、管护基地房屋建筑面积、管护堤段长度、机械配备情况、备注等内容。

5.5.9.2 标志桩、界牌情况表

用来存储标志桩、界牌基本信息,包括:管理单位代码、管护基地代码、资料更新日期、资料更新责任人、公里桩、百米桩、工程标示牌、路口标示牌、县级交界牌、乡级交界牌、村界牌、临河地界桩、背河地界桩、坝号桩、根石断面桩、高标桩、备注等内容。

5.5.9.3 管护机械、器具情况表

用来存储管护机械、器具基本信息,包括:管理单位代码、管护基地代码、资料更新日期、资料更新责任人、管理机械、洒水车、工具车、面包车、翻斗车、推土机、装载机、夯实机、55 kW 拖拉机、刮平机、割草机、喷药机、发电机、照相机、台式电脑、笔记本电脑、浇灌设备、混凝土路面养护设备、水准仪、经纬仪、备注等内容。

5.5.10 工程管理单位信息

工程管理单位信息包括:工程管理单位信息表和工程养护队伍基本信息表。

5.5.10.1 工程管理单位信息表

用来存储工程管理单位的基本信息,包括:管理单位代码、资料更新日期、资料更新责任人、成立时间、主管部门、资质等级、通信地址、邮政编码、联系电话、人员总数、管理人员、技术人员数、高级技师人数、技师人数、高级工人数、中级工人数、初级工人数、主要负责人、职务、职称、学历、联系电话、备注等内容。

5.5.10.2　工程养护队伍基本信息表

用来存储工程养护队伍的基本信息,包括:养护队伍代码、资料更新日期、资料更新责任人、成立时间、主管部门、资质等级、通信地址、邮政编码、联系电话、人员总数、管理人员、技术人员数、高级技师人数、技师人数、高级工人数、中级工人数、初级工人数、主要负责人、职务、职称、学历、联系电话、备注等内容。

5.5.11　防汛道路信息

防汛道路信息包括:堤顶硬化道路基本情况表、防汛道路基本情况表、上堤辅道情况表、防汛道路工程图(图像)及照片资料表。

5.5.11.1　堤顶硬化道路基本情况表

用来存储县(区)河务局所管辖堤防(段)堤顶硬化道路的基本信息,包括:管理单位代码、堤顶道路代码、资料更新日期、资料更新责任人、岸别、路面类型、道路级别、修建时间、建成日期、起点位置、起点桩号、终点位置、终点桩号、堤顶路长度、堤顶路宽度、硬化路面厚度、道况、维修养护队伍、维修养护情况、工程设计单位、工程建设单位、工程投资、备注等内容。

5.5.11.2　防汛道路基本情况表

用来存储县(区)河务局所管辖防汛道路的基本信息,包括:管护基地代码、防汛道路代码、资料更新日期、资料更新责任人、岸别、道路性质、路面类型、道路级别、修建时间、建成日期、起点位置、终点位置、与堤顶路交汇位置、对应堤防桩号、与控导工程交汇位置、相应控导工程坝号、堤顶路长度、堤顶路宽度、硬化路面厚度、道况、工程设计单位、工程建设单位、工程投资、备注等内容。

5.5.11.3　上堤辅道情况表

用来存储上堤辅道基本信息,包括:管理单位代码、上堤辅道代码、资料更新日期、资料更新责任人、上堤辅道位置、相应大堤桩号、路面结构、(上堤辅道)长度、(上堤辅道)宽度、备注等内容。

5.5.11.4　防汛道路工程图(图像)及照片资料表

用来存储县(区)局管辖区的防汛道路工程图(图像)及照片资料,包括:序号、防汛道路代码、资料更新日期、工程图(图像)及照片、备注等内容。

5.5.12　维修养护方案信息

主要内容包括工程安全标准体系和工程维护标准体系,如工程维护分类标准、工程维护安全指标、工程维护优先级标准、工程维护定额标准、工程维护计划制订的方法等。

5.5.13　动态管理信息

动态管理信息包括:堤防工程普查信息表、水闸(虹吸)工程普查信息表、治河工程普查信息表、日常维护年度计划信息表、日常维护月度计划表、专项项目信息表、堤防隐患探测信息表、文件及预案信息表等。

5.5.13.1　堤防工程普查信息表

堤防工程普查信息表包括：管理单位代码、堤防（段）工程代码、普查时间、资料更新责任人、堤身裂缝条数、堤身裂缝总长度、堤身裂缝最大宽度、动物洞穴处数、最大洞径、洞穴深度、獾狐洞口数、鼠蛇洞口数、堤身水沟浪窝处数、堤身水沟浪窝缺土方、淤区水沟浪窝处数、淤区水沟浪窝缺土方、辅道及路口水沟浪窝处数、辅道及路口水沟浪窝缺土方、堤防陷坑天井处数、堤防陷坑天井个数、堤防陷坑天井直径、堤防陷坑天井深度、堤防草皮老化处数、堤防草皮老化面积、堤防土牛尚缺处数、堤防土牛尚缺土方、堤防铭牌标志损坏个数、堤防铭牌标志尚缺个数、堤身残缺处数、堤身残缺土方量、堤顶残缺处数、堤顶残缺土方量、淤区残缺处数、淤区残缺土方量、辅道及路口残缺处数、辅道及路口残缺土方量、堤防违章建筑总处数、堤防违章建房处数、堤防违章建房间数、堤防违章建猪圈厕所个数、堤防违章建坟井窑个数、堤防石护坡损坏处数、堤防石护坡损坏面积、堤防石护坡尚缺处数、堤防石护坡尚缺面积、堤防防汛屋损坏座数、堤防防汛屋损坏间数、堤防防汛屋尚缺座数、堤防防汛屋尚缺间数、堤防排水沟损坏条数、堤防排水沟损坏长度、堤防排水沟尚缺条数、堤防排水沟尚缺长度、备注等内容。

5.5.13.2　水闸（虹吸）工程普查信息表

水闸（虹吸）工程普查信息包括：水闸工程代码、管理单位代码、资料更新责任人、河流代码、启闭情况、存在问题、处理意见等内容。

5.5.13.3　治河工程普查信息表

治河工程普查信息包括：管理单位代码、治河工程代码、普查时间、资料更新责任人、坝体裂缝条数、坝体裂缝总长度、坝体裂缝宽度、坝体动物洞穴处数、最大洞径、洞穴深度、獾狐洞口数、鼠蛇洞口数、坝顶水沟浪窝处数、坝顶水沟浪窝缺土方、坝体陷坑天井个数、坝体陷坑天井直径、坝体陷坑天井直径深度、坝垛草皮老化处数、坝垛草皮老化面积、坝垛铭牌标志损坏个数、坝垛铭牌标志尚缺个数、坝基残缺处数、坝基残缺土方量、连坝残缺处数、连坝残缺土方量、辅道残缺处数、辅道残缺土方量、坝岸坦石（坡）蛰陷处数、坝岸坦石（坡）蛰陷面积、坝岸坦石（坡）灰缝脱落处数、坝岸坦石（坡）灰缝脱落面积、坝岸坦石（坡）缺坦石处数、坝岸坦石（坡）缺坦石体积、坝岸坦石（坡）排水沟损坏条数、坝岸坦石（坡）排水沟损坏长度、坝岸坦石（坡）沿子石脱落处数、坝岸坦石（坡）沿子石脱落面积、坝岸坦石（坡）备防石塌方处数、坝岸坦石（坡）备防石塌方体积、备注等内容。

5.5.13.4　日常维护年度计划信息表

日常维护年度计划信息包括：管理单位、实施年度、维护项目序号、维护项目父序号、维护项目字符序号、维护项目名称、维护项目级别、维护项目单位、维护项目说明、维护统计类别、维护项目显示顺序号、维护项目工程量、维护项目投资等内容。

5.5.13.5　日常维护月度计划表

日常维护月度计划包括：管理单位、实施年度、实施月度、维护项目序号、维护项目名称、维护项目工程量、维护具体位置、开竣工日期、监理单位、施工单位、验收单位、是否验收、合同信息、维护项目投资等内容。

5.5.13.6　专项项目信息表

专项管理信息包括：专项项目编号、专项项目名称、管理单位、项目年度、工程一级类别、建安投资、批复开工日期、批复竣工日期、工程量（土方）、工程量（石方）、工程量（其他）、实际开工日期、实际竣工日期、实际工程量（土方）、实际工程量（石方）、实际工程量（其他）、实际投资、完成比例土方、完成比例石方、完成比例投资、设计单位、监理单位、施工单位、质量监督单位、质量监督情况、验收单位、验收情况、合同信息等内容。

5.5.13.7 堤防隐患探测信息表

堤防隐患探测信息包括：管理单位、探测时间、资料更新责任人、隐患探测情况、探测责任人、隐患性质描述、加固及处理情况、异常点特征描述、备注等内容。

5.5.13.8 文件及预案信息表

文件及宣传信息包括：文号、标题、文件文本、上级单位、上级单位名称、上传单位、上传单位名称、上传时间、备注等内容。

5.5.14 多媒体信息

多媒体信息主要包括：各类工程图片、视频影像、Power Point 数据，详细内容如下：

（1）各类工程图片数据，具体包括工程类别、工程编号、所属管理单位、图片名称、拍摄时间等信息；

（2）视频影像数据，具体包括视频影像名称、制作时间、制作单位、视频影像简介等信息；

（3）Power Point 数据，具体包括 PPT 名称、制作人、所属单位、制作时间、PPT 简介等信息。

5.5.15 基础地理信息

基础地理信息主要包括：黄河流域边界、流域覆盖各级行政区、管理单位、黄河河道及支流水系、各类防洪工程、黄河断面等地理要素信息及黄河流域 DEM 高程数据，详细内容如下：

（1）黄河流域各级行政区数据，具体包括黄河流域边界、黄河流域覆盖省、市、县行政区边界及黄河流域关键城市位置等信息；

（2）管理单位数据，具体包括管理单位位置、单位级别、从属关系等信息；

（3）黄河河道及支流水系数据，具体包括黄河主河道地理范围、边界、支流水系位置、流经区域等信息；

（4）各类防洪工程要素数据，具体包括堤防、河道整治、水闸工程编号、位置、名称、地理范围、空间属性等信息；

（5）黄河断面数据，具体包括黄河断面编号、位置、名称等信息；

（6）黄河流域 DEM 数据，具体包括黄河流域数字高程点、等高线等信息。

5.5.16 工程安全监测信息

工程安全监测信息主要包括：堤防工程监测数据、河道整治工程监测数据、水闸工程监测数据、水利枢纽工程监测数据及其他工程项目监测数据，详细内容如下：

（1）堤防工程监测数据，如渗流、临河水位、堤身及地基变形、堤身隐患探测等信息；

（2）河道整治工程监测数据，如根石走失、坝垛变形、坝前水位、流量、流向等信息；

（3）水闸工程监测数据，如土石结合部渗流、变形，上、下游水位，闸基扬压力，闸身变形，闸体裂缝等信息；

（4）水利枢纽工程监测数据，如渗流、变形、应力应变、震动反应、水力学、机组运行状况等信息；

（5）其他工程项目监测数据，如滩区、蓄滞洪区、河道河势、生物工程信息等。

5.5.17　涵闸评估信息

涵闸评估信息包括：涵闸编号、测点编号、测值时间、实测值、预测日期、预测结果、测压管水位、上游水位、下游水位、抗渗分析结果、抗滑分析结果、值差、值差百分比等。

5.6　数据分布与存储

根据黄委工程维护管理业务流程的特点，各应用系统和数据在物理上是分布的，应用系统和数据库之间存在着相当复杂的访问关系，对数据的存储管理提出了很高的要求。通过采用成熟的数据库技术和数据库存储技术，以数据中心、数据分中心等作为分布式数据存储的网络节点，建立网络数据存储管理体系，并通过应用支撑平台形成统一的数据存储与交换和数据共享访问机制，可以充分满足业务应用的需要。

数据存储与管理系统的主要作用是满足海量数据的存储管理要求；通过数据的异地容灾备份，保证数据的安全性；整合系统资源，避免或减少重复建设，降低数据管理成本；整合数据资源，保证数据的完整性和一致性。

数据存储与管理系统的总体架构包括数据存储平台、数据库管理等部分（见图5-1）。数据存储管理主要是完成对数据存储平台的管理，对由数据中心和数据分中心等不同层次的数据管理系统组成的数据存储体系进行统一管理，包括存储和备份设备、数据库服务器及相关网络基础设施，针对业务应用系统运行管理要求实现对数据的集中存储管理。

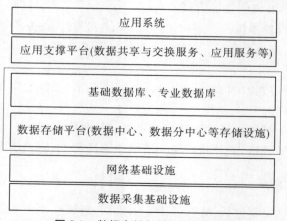

图5-1　数据存储与管理的总体架构

按照"数字黄河"总体规划对基础设施建设的要求，本着权威部门权威数据以及数据的更新维护应由直接拥有者负责的基本原则，防洪工程维护管理系统的防洪工程基础数据库为三级分布式结构,顶级为黄委黄河数据中心数据库,二级为省局分数据中心数据库,三级为市局数据汇集中心数据库,如图5-2所示。

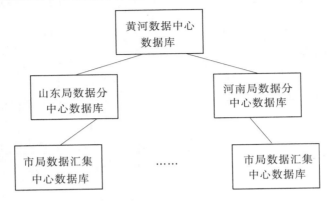

图5-2 数据库逻辑分布图

黄委黄河数据中心存储全部的空间(地图)数据和属性数据。其中,黄河下游基础地理空间数据(黄河下游1:10 000地形图和1:2 000工程图)由黄委黄河洪水管理亚行贷款项目办公室指定的开发单位进行统一维护;相关的工程基础属性数据如堤防、险工控导、水闸、水库等工程信息,则按照基层数据汇集中心、数据分中心、黄河数据中心的层次从下向上逐层汇总,各市级数据汇集中心负责数据库数据的采集、更新和维护,并通过数据库服务器及时上传到数据分中心数据库、黄河数据中心数据库。对于实时监测数据则要求市级数据汇集中心得到基层传送的数据后,立即传送到省局数据分中心和黄河数据中心。

5.7 数据库更新与维护

5.7.1 数据库更新

防洪工程基础信息由基层黄河工程管理单位(县局)进行采集,存入临时数据库中,经相关的省(或市)河务管理部门进行审核后上报黄委,存入黄河数据中心防洪工程基础数据库。

黄河防洪工程数据库存储的是防洪工程基础信息,是非实时性的数据,数据更新周期较长,大多在一年以上。这些信息主要包括工程设计指标、工程现状、历史运用情况、工程设计图及平面布置图等信息。对数据的更新,按照业务需求,由相关部门制定数据更新标准,划分出需定期进行更新的数据,确定更新周期。数据责任部门要按业务规定和要求,定期对黄河数据中心的防洪工程基础数据进行更新维护。防洪工程数据库的数据流如图5-3。

根据现行的管理体制,防洪工程维护系统是分级管理的,数据的采集与维护也是分级运行的,因此要制定一定的数据更新机制,确保数据的一致性和完整性。

数据更新由县级、市级、省级、黄委四级层层上报,其要求对工程的监测数据、动态维护信息等及时上传,同步保持更新。

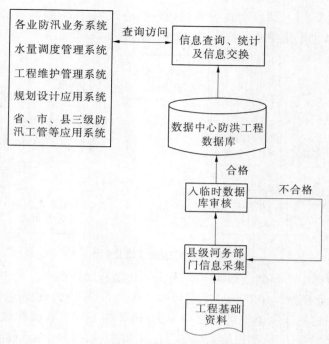

图 5-3　防洪工程数据库数据流程图

数据库中的数据必须得到不断的更新,才能满足用户的需求。数据更新在更新方式上有以下几种:

(1)更新数据是原有数据的扩充,不取代原有数据;

(2)更新的数据是原来没有的数据类型,与其他数据无冲突;

(3)更新的数据为原有数据的新版本、新格式和不同处理方法,需要分别存储,例如图形数据,因不同目的而进行的或与原有数据通过不同方法获得的,需要分别存储;

(4)更新数据中某一部分或某一记录,例如元数据,当新的数据项扩充到数据库里或数据库中原有数据有新的版本替代时,需要增加元数据记录或修改元数据记录;

(5)更新的数据是经重新修正的数据,质量优于原有的数据,需要替代原有的数据,质量优于未作属性纠正的数据,应取代原有数据而成为最新的数据,此时操作必须谨慎,在确认无误的前提下进行,也可以设置临时目录,暂时存储被删除的数据。

数据更新在更新手段上分以下几种类型:

(1)计算机自动更新:主要针对软件版本升级而引起的数据格式的自动更新。

(2)用户负责更新:主要针对专业性较强,处理和检验比较烦琐的数据,对于管理员来说,完成数据更新比较困难,可以让数据生产者和数据处理者负责数据的更新,例如图形数据矢量化,需要专业人员把关,方可入库。

(3)管理员负责更新:针对大多数数据,采用这种方式。管理员根据数据更新的周期,按时到数据采集人员或数据处理人员处提取新的数据,更新到数据库中,对于不定期更新的数据,数据采集人员或数据处理人员在有新的数据时需及时通知数据管理员提取数据和更新数据。

5.7.2 数据库维护

5.7.2.1 数据库结构和数据字典的维护

(1)数据库结构和数据字典应保持相对稳定,并根据应用的变化和软件的升级及时更新;

(2)数据字典的升级和修改,须保证数据的自动安全迁移;

(3)数据库中数据更新后,数据物理存储位置和数据库的索引要及时维护并更新;

(4)用户界面要根据需要进行修改,以满足数据库系统各类用户和业务发展的需要。

5.7.2.2 数据维护

(1)数据库中数据变化后,原来的数据要妥善保存,不仅历史数据库中要保存,还要进行备份;

(2)更新的数据必须经过严格检查验收,数据更新在联网的工作站上进行,不能直接在数据库服务器上进行,在临时数据库验收后才能递交给数据库服务器;

(3)数据更新后要及时对数据库的索引进行更新,数据更新时要进行日志更新。

5.8 数据的备份与恢复

数据的日常备份策略的定制,根据用户的设备条件、存储空间和业务需求,定制当前最高效、最安全的备份策略,在保证数据安全的前提下尽可能使数据库的正常服务不受影响。数据库的备份与恢复管理采用两种方式:利用 Oracle 数据库系统提供的备份和恢复工具,对数据库进行定期或不定期的增量备份或完全备份;通过数据中心的数据备份及管理系统对数据库进行在线备份,对数据库、表空间、数据文件和归档日志等进行完全备份。

5.8.1 数据备份

在数据中心和数据分中心分别建立本地数据备份系统,该系统由连接在 SAN 光纤交换机上的磁带库、备份服务器以及相应的备份管理软件组成,根据业务运行需要制定备份策略,通过系统自动执行备份策略将数据备份到磁带介质上。备份内容包括数据库、文件、应用软件系统、操作系统等。

5.8.1.1 数据备份策略

数据备份策略要根据各应用的数据量大小、数据存储型、数据重要性等因素来制定数据的备份方式。备份策略制定原则上有以下几种方式:

(1)数据库全备份:每月做一次,覆盖上次全备份的数据。

(2)数据库增量备份:每晚执行。根据不同数据要求的保存时间来设置存储介质。

(3)文件全备份:将主机系统和其他服务器的数据作全备份,选择在周末自动进行。

(4)系统备份:由各应用系统及数据库系统管理员自行安排时间备份,一般每月备份一次,系统配置改变时备份一次。

结合以上策略,从冗余备份的角度考虑,制定数据分组和存储介质池对应策略,将数据按类别放在不同的编号(电子标签)组的存储介质上,并设定不同的存取权限。

具体需建立以下类别的介质组：

（1）数据库介质：专门存放数据库信息。

（2）文件介质：除数据库以外的文件。

（3）关键数据：由于某些数据或图像需要保存周期较长且回访次数较多,建立专门的介质保存。

（4）数据库日志和系统日志介质：安全稽核和系统恢复的重要数据记录须较长时间保存,由安全管理员单独建立管理,形成与主机系统管理人员分离的运行数据记录。

（5）系统介质：备份系统和系统配置的变化,做到快速恢复系统。

5.8.1.2　数据备份过程

数据备份工作在数据备份服务器上完成,根据事先制定好的备份策略（备份时间表）,定时自动启动备份进程不同的备份任务。每天的备份任务被适当地均衡,峰值备份数据量在周六和周日发生。配合数据库在线备份功能,按网络带宽为 1 000 Mbps 计算,备份速度按平均 12 MB/s 左右计算。备份 100 GB 的数据按两个磁带驱动器计算约为一个小时。

系统备份在主机端发起。由主机系统管理员启动系统备份进程,自动将系统配置等信息生成引导程序,然后制作成引导盘。

其他文件的自由备份。进入客户端软件交互菜单,选择要求备份的文件后备份。

5.8.2　数据恢复

数据备份的最主要目的就是一旦发生灾难,可以迅速将生产数据进行恢复,使停机时间最短、数据损失最少。数据恢复工作必须在客户端或存储节点实施。灾难发生的严重程度决定了数据恢复的方式和需要时间。恢复策略的制定应本着迅速、快捷、最小损失、涉及面最小的原则。

当主机系统正常,数据出现灾难（丢失、损坏等）时,由主机系统管理员启动客户端恢复软件,选择所要恢复的数据范围和备份时间,自动从磁带介质上引导恢复。

当主机系统瘫痪时,由主机系统管理员利用事先制作的系统引导盘,将系统自动引导恢复,然后自动启动客户端恢复软件,自动将磁带介质上的系统完全备份恢复到主机端。

5.9　数据库的安全性和一致性

5.9.1　数据库安全的定义

数据库安全包含两层含义：第一层是指系统运行安全。系统运行安全通常受到的威胁如下：一些网络不法分子通过网络、局域网等途径入侵电脑使系统无法正常启动,或超负荷让机器运行大量算法,并关闭 CPU 风扇,使 CPU 过热烧坏等破坏性活动;第二层是指系统信息安全。系统安全通常受到的威胁如下：黑客对数据库入侵,并盗取想要的资料。

数据库系统的安全特性主要是针对数据而言的,包括数据独立性、数据安全性、数据完整性、并发控制、故障恢复等几个方面。

5.9.1.1　数据独立性

数据独立性包括物理独立性和逻辑独立性两个方面。物理独立性是指用户的应用程序与存储在磁盘上的数据库中的数据是相互独立的,逻辑独立性是指用户的应用程序与数据库的逻辑结构是相互独立的。

5.9.1.2　数据安全性

操作系统中的对象一般情况下是文件,但是数据库支持的应用要求更为精细。通常比较完整的数据库对数据安全性采取以下措施:①将数据库中需要保护的部分与其他部分相隔。②采用授权规则,如账户、口令和权限控制等访问控制方法。③对数据进行加密后存储于数据库。

5.9.1.3　数据完整性

数据完整性包括数据的正确性、有效性和一致性。正确性是指数据的输入值与数据表对应域的类型一样,有效性是指数据库中的理论数值满足现实应用中对该数值段的约束,一致性是指不同用户使用的同一数据应该是一样的。保证数据的完整性,需要防止合法用户使用数据库时向数据库中加入不合语义的数据。

5.9.1.4　并发控制

如果数据库应用要实现多用户共享数据,就可能在同一时刻有多个用户需要存取数据,这种事件叫做并发事件。当一个用户取出数据进行修改,在修改存入数据库之前如有其他用户再取此数据,那么读出的数据就是不正确的。这时就需要对这种并发操作施行控制,排除和避免这种错误的发生,保证数据的正确性。

5.9.1.5　故障恢复

由数据库管理系统提供一套方法,可及时发现故障和修复故障,从而防止数据被破坏。数据库系统能尽快恢复数据库系统运行时出现的故障,可能是物理上或是逻辑上的错误,比如对系统的误操作所造成的数据错误等。

5.9.2　数据库的安全性

防洪工程维护管理系统的防洪工程数据库是分布式网络应用数据库,对数据库的安全性管理提出了较高的要求。在网络和操作系统的安全保障上,数据库端拟采用多种安全保护措施。

(1)进行角色定义和权限管理达到对数据的安全访问。对数据库不同用户的访问权限进行授权,保证数据的安全性,防止未经授权的操作。

黄委建管局可以通过黄河数据中心查看数据库所有信息,省局可查询省局数据分中心数据库的所有信息。市局负责各自数据汇集中心数据库的更新维护和数据上传,同时还可查询本地数据库的所有信息。其他用户只可查看黄河数据中心授权查阅的信息。

(2)用户密码强制定期失效,强制用户设定复杂密码。

(3)用数据库的虚拟私有 DB 技术,限制某些用户对关键数据表内容的查看范围。

(4)使用规则和触发器对数据的更新进行安全设置。约束数据范围,剔除非法数据,对可疑数据和可疑更新提出警告,防止关键数据意外删除。

5.9.3 数据库的一致性

由于防洪工程 维护管理系统数据库是分布式数据库,而黄河数据中心数据库涵盖了所有分布在不同区域的工程数据,因此本系统的完整性和一致性要求显得尤为突出。具体来说,就是数据中心数据要与各省局数据分中心和数据汇集中心的数据保持一致性。

由于本系统的数据流向基本上是从下向上流的,可以建立从下至上的同步机制,满足一致性要求,其措施有:

(1)使用规则和存储过程保障数据的可靠性。

(2)制定备份规则应对突发灾难。要求制定详细备份规则,进行自动备份,每天至少备份一次。

第6章 开发技术方案

6.1 基于系统层次结构的设计

系统开发采用当前流行的三层结构,三层结构在软件体系结构、运行性能、伸缩扩展等方面有独到的潜能,是当今大型应用系统的首选方案。三层架构的全称是"Three – Tier Application Using an XML Web Service"。三层结构为:第一层,客户层,即表现层,主要类似于图形用户界面的部分组成;第二层,中间层,即业务层,由应用逻辑和业务逻辑构成;第三层,即数据层,包括了应用程序所需的数据,见图6-1。

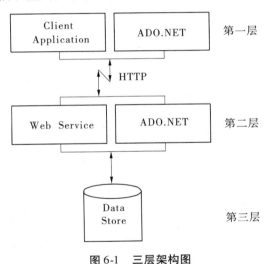

| Client Application | ADO.NET | 第一层 |

HTTP

| Web Service | ADO.NET | 第二层 |

Data Store 第三层

图 6-1 三层架构图

这样分层的好处是:
(1)开发者可以快速简单地开发程序。
(2)使用者可以在任何可以连接到 Internet 的地方适用应用程序。
(3)数据访问层集中在 Web Service 上便于更新维护,不用升级客户端。
(4)数据访问与前台实现隔开。

三层结构是针对于过去的主机终端模式或者客户机/服务器模式的区别而成的,它的特点是在后台有一个后端数据支持服务器,在中间有一群应用服务器,提供结合用户业务和具体应用的相关系统解决方案,在前端会有很多的接入设备,通过接入设备与客户机连接,具体实现结构见图6-2。

在三层体系结构的系统中,系统从逻辑上被分成了用户界面、中间层、数据层三个层面。

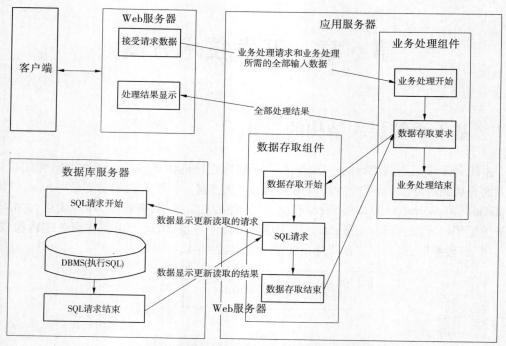

图6-2　系统开发软件体系的三层体系结构

从开发角度和应用角度来看,三层架构比双层或单层结构都有更大的优势。三层结构适合群体开发,每人可以有不同的分工,协同工作使效率倍增。开发双层或单层应用时,每个开发人员都应对系统有较深的理解,能力要求很高,开发三层应用时,则可以结合多方面的人才,只需少数人对系统全面了解,从一定程度上降低了开发的难度。

三层架构属于瘦客户的模式,用户端只需一个较小的硬盘、较小的内存、较慢的CPU就可以获得不错的性能。相比之下,单层或胖客户对其的要求太高。

三层架构的另一个优点在于可以更好地支持分布式计算环境。逻辑层的应用程序可以由多个机器运行,充分利用网络的计算功能。分布式计算的潜力巨大,远比升级CPU有效。

三层架构的最大优点是它的安全性。用户端只能通过逻辑层来访问数据层,减少了入口点,把很多危险的系统功能都屏蔽了。

另外三层架构还可以支持如下功能:Remote Access(远程访问资料),例如可通过Internet存取远程数据库;High Performance(提升运算效率)解决集中式运算(Centralize)及主从式架构(Client – Server)中,数据库主机的运算负担,降低数据库主机的 Connection Load,并可藉由增加 App Server 处理众多的数据处理要求,这一点跟前面讲到的分布式计算提高运算能力是一个道理;Client 端发出 Request(工作要求)后,便可离线,都交由 App Server 和 Data Base Server 共同把工作完成,减少 Client 端的等待时间。

6.1.1　界面层

界面层提供给用户一个视觉上的界面,通过界面层,用户输入数据、获取数据。界面层同时也提供一定的安全性,确保用户不会看到机密的信息。用户界面层可以采用 Web 化和应用程序相结合的形式,Web 化是应用发展的趋势,系统中大部分功能都转移到 Web 平台上实现,使用 Browser 作为通用的瘦客户端程序。实现设备功能单一化、系统标准化、设备小型化。

6.1.2　逻辑层

逻辑层是界面层和数据层的桥梁,它响应界面层的用户请求,执行任务并从数据层抓取数据,并将必要的数据传送给界面层。用户可以根据实际需要构建符合实际业务运作和具体工作流程的系统解决方案,一般通过采用标准化的开发工具可以实现多种应用结构上的统一,通过模块化结构设计,实现高可用的应用系统。

6.1.3　数据层

后端数据层,一般指数据库系统和数据集中存储系统,数据集中存储可实现多种数据集中在一个数据存储设备当中,多台服务器同时读写并保证数据一致性。应用系统一般在数据层进行数据完整性定义、维护,并由数据库管理系统负责响应逻辑层的请求。这一层通常由大型的数据库服务器实现。

6.1.4　三层体系结构的优点

采用三层结构主要优点如下:

(1)安全性:用户端只能通过逻辑层来访问数据层,减少了入口点,把很多危险的系统功能都屏蔽了。

(2)支持分布式计算:逻辑层的应用程序可以在多个机器上运行,充分利用网络的计算功能。

(3)简化客户端开发:客户端不必关心业务逻辑是如何访问数据库的,只需把精力集中在人机界面上即可。

(4)可伸缩性强:中间层包含了大量的供客户端程序调用的业务逻辑规则,以帮助其完成业务操作,可使其随具体业务的变化而改变,而在客户层和数据服务层所做的改动较小。

6.2　面向对象的系统设计思路

思维方式决定解决问题的方式,传统软件开发采用自顶向下的思想指导程序设计,即将目标划分为若干子目标,子目标再进一步划分下去,直到目标能被编程实现为止。面向对象技术给软件设计领域带来极大的变化,它利用软件对象来进行程序开发,所谓对象是包含数据和对数据操作的代码实体,或者说是在传统的数据结构中加入一些被称为成员函数的过程,因而赋予对象以动作。而在程序设计中,对象具有与现实世界的某种对应关系,我们正是利用这种关系对问题进行分解。

从程序语言角度来看,在一个对象中代码和(或)数据可以是这个对象私有的,不能被对象外的部分直接访问。因而对象提供了一种高级保护,以防止程序被无关的部分错误修改或错误地使用了对象的私有部分。当从对象外部试图直接对受保护的内部数据进行修改时,将被程序拒绝,只有通过对象所提供的对外服务函数才能够对其内部数据进行必要的加工,从而保证数据加工的合法性。从这一意义上讲,把这种代码和数据的联系称为"封装"。换句话说,封装是将对象封闭保护起来,将内部细节隐蔽起来的能力。

在强调软件组件的重用方面,面向对象的技术与标准的工业设计规律有更多相似之处。在面向对象语言中,类是创建对象的关键,事实上,类描述了一组对象的公共特征和操作,而对象则是具体实现的类。

6.2.1 面向对象设计概念

面向对象设计模式解决的是"类与相互通信的对象之间的组织关系,包括它们的角色、职责、协作方式几个方面"。

面向对象设计模式是"好的面向对象设计",所谓"好的面向对象设计",是那些可以满足"应对变化,提高复用"的设计。

面向对象设计模式描述的是软件设计,因此它是独立于编程语言的,但是面向对象设计模式的最终实现仍然要使用面向对象编程语言来表达,本课程基于 C#语言,但实际上它适用于支持 .NET 框架的所有 .NET 语言,如 Visual Basic.NET、C + +/CLI 等。

面向对象设计模式不像算法技巧可以照搬照用,它是建立在对"面向对象"纯熟、深入的理解的基础上的经验性认识。掌握面向对象设计模式的前提是首先掌握"面向对象"!

从编程语言直观了解面向对象:各种面向对象编程语言相互有别,但都能看到它们对面向对象三大机制的支持,即:封装、继承、多态。封装,即隐藏内部实现;继承,即复用现有代码;多态,即改写对象行为。

使用面向对象编程语言(如 C#),可以推动程序员以面向对象的思维来思考软件设计结构,从而强化面向对象的编程范式。

C#是一门支持面向对象编程的优秀语言,包括:各种级别的封装支持,单实现继承 + 多接口实现,抽象方法与虚方法重写。

但 OOPL 只是通过面向对象编程语言(OOPL)认识到的面向对象,并不是面向对象的全部,甚至只是浅陋的面向对象。

OOPL 的三大机制"封装、继承、多态"可以表达面向对象的所有概念,但这三大机制本身并没有刻画出面向对象的核心精神。换言之,既可以用这三大机制做出"好的面向对象设计",也可以用这三大机制做出"差的面向对象设计"。不是使用了面向对象的语言(例如 C#),就实现了面向对象的设计与开发。因此,我们不能依赖编程语言的面向对象机制来掌握面向对象。

OOPL 没有回答面向对象的根本性问题——我们为什么要使用面向对象,我们应该怎样使用三大机制来实现"好的面向对象",我们应该遵循什么样的面向对象原则,任何一个严肃的面向对象程序员(例如 C#程序员),都需要系统地学习面向对象的知识,单纯从编程语言上获得的面向对象知识,不能够胜任面向对象设计与开发。

6.2.2　面向对象语言基本特征

OO 方法（即 Object – Oriented Method，面向对象方法）是一种把面向对象的思想应用于软件开发过程中，指导开发活动的系统方法，Object Oriented 是建立在"对象"概念基础上的方法学。对象是由数据和容许的操作组成的封装体，与客观实体有直接对应关系，一个对象类定义了具有相似性质的一组对象。而继承性是对具有层次关系的类的属性和操作进行共享的一种方式。所谓面向对象就是基于对象概念，以对象为中心，以类和继承为构造机制，来认识、理解、刻画客观世界和设计、构建相应的软件系统。

面向对象方法作为一种新型的独具优越性的新方法正引起全世界越来越广泛 Object Oriented 的关注和高度的重视，它被誉为"研究高技术的好方法"，更是当前计算机界关心的重点。十多年来，在对 OO 方法如火如荼的研究热潮中，许多专家和学者预言：正像 20世纪 70 年代结构化方法对计算机技术应用所产生的巨大影响和促进，90 年代 OO 方法同样会强烈地影响、推动和促进一系列高技术的发展和多学科的综合。

回顾历史可激励现在，规划将来。OO 方法起源于面向对象的编程语言（简称为OOPL）。20 世纪 50 年代后期，在用 FORTRAN 语言编写大型程序时，常出现变量名在程序不同部分发生冲突的问题。鉴于此，ALGOL 语言的设计者在 ALGOL60 中采用了以"Begin……End"为标识的程序块，使块内变量名是局部的，以避免它们与程序中块外的同名变量相冲突。这是编程语言中首次提供封装（保护）的尝试。此后程序块结构广泛用于高级语言如 Pascal、Ada、C 之中。

20 世纪 60 年代中后期，Simula 语言在 ALGOL 基础上研制开发，它将 ALGOL 的块结构概念向前发展一步，提出了对象的概念，并使用了类，也支持类继承。70 年代，Smalltalk语言诞生，它取 Simula 的类为核心概念，它的很多内容借鉴于 Lisp 语言。由 Xerox 公司经过对 Smautalk72、76 持续不断的研究和改进之后，于 1980 年推出商品化的软件，它在系统设计中强调对象概念的统一，引入对象、对象类、方法、实例等概念和术语，采用动态联编和单继承机制。

从 20 世纪 80 年代起，人们基于以往已提出的有关信息隐蔽和抽象数据类型等概念，以及由 Modula2、Ada 和 Smalltalk 等语言所奠定的基础，再加上客观需求的推动，进行了大量的理论研究和实践探索，不同类型的面向对象语言（如：Object – C、Eiffel、C + + 、Java、Object – Pascal 等）逐步地发展和建立起较完整的 OO 方法的概念理论体系和实用的软件系统。

Object Oriented 面向对象源出于 Simula，真正的 OOPL 是由 Smalltalk 奠基的。Smalltalk 现在被认为是最纯的 OOPL。

正是通过 Smalltalk80 的研制与推广应用，人们注意到了 OO 方法所具有的模块化、信息封装与隐蔽、抽象性、继承性、多样性等独特之处，这些优异特性为研制大型软件、提高软件可靠性、可重用性、可扩充性和可维护性提供了有效的手段和途径。

20 世纪 80 年代以来，人们将面向对象的基本概念和运行机制运用到其他领域，获得了一系列的相应领域的面向对象的技术。面向对象方法已被广泛应用于程序设计语言、形式定义、设计方法学、操作系统、分布式系统、人工智能、实时系统、数据库、人机接口、计算机体系结构以及并发工程、综合集成工程等,在许多领域的应用都得到了很大的发展。1986 年在美国举行了首届"面向对象编程、系统、语言和应用(OOPSLA'86)"国际会议,使面向对象得到世人瞩目,其后该会议每年都举行一次,这进一步标志着 OO 方法的研究已普及到了全世界。

用计算机解决问题需要用程序设计语言对问题求解加以描述(即编程),实质上,软件是问题求解的一种表述形式。显然,假如软件能直接表现人求解问题的思维路径(即求解问题的方法),那么软件不仅容易被人理解,而且易于维护和修改,从而会保证软件的可靠性和可维护性,并能提高公共问题域中的软件模块和模块重用的可靠性。面向对象的机能理念和机制恰好可以使得按照人们通常的思维方式来建立问题域的模型,设计出尽可能自然地表现求解方法的软件。

面向对象的基本概念:对象是要研究的任何事物。从一本书到一家图书馆,单的整数到整数列庞大的数据库、极其复杂的自动化工厂、航天飞机都可看做对象,它不仅能表示有形的实体,也能表示无形的(抽象的)规则、计划或事件。对象由数据(描述事物的属性)和作用于数据的操作(体现事物的行为)构成一独立整体。从程序设计者来看,对象是一个程序模块,从用户来看,对象为他们提供所希望的行为。对内的操作通常称为方法。

类:类是对象的模板。即类是对一组有相同数据和相同操作的对象的定义,一个类所包含的方法和数据描述一组对象的共同属性和行为。类是在对象之上的抽象,对象则是类的具体化,是类的实例。类可有其子类,也可有其他类,形成类层次结构。

消息:消息是对象之间进行通信的一种规格说明。它一般由三部分组成:接收消息的对象、消息名及实际变元。

面向对象主要特征有以下几种。

封装性:封装是一种信息隐蔽技术,它体现于类的说明,使数据更安全。封装性是对象的重要特性。封装使数据和加工该数据的方法(函数)封装为一个整体,以实现独立性很强的模块,使得用户只能见到对象的外特性(对象能接受哪些消息,具有哪些处理能力),而对象的内特性(保存内部状态的私有数据和实现加工能力的算法)对用户是隐蔽的。封装的目的在于把对象的设计者和对象的使用者分开,使用者不必知晓行为实现的细节,只须用设计者提供的消息来访问该对象。

继承性:继承性是子类自动共享父类之间数据和方法的机制。它由类的派生功能体现。一个类直接继承其他类的全部描述,同时可修改和扩充。

继承具有传递性和单根性。如果 B 类继承了 A 类,而 C 类又继承了 B 类,则可以说,C 类在继承了 B 类的同时,也继承了 A 类,C 类中的对象,可以实现 A 类中的方法。一个类,只能够同时继承另外一个类,而不能同时继承多个类,通常所说的多继承是指一个类在继承其父类的同时,实现其他接口。类的对象是各自封闭的,如果没继承性机制,则类对象中数据、方法就会出现大量重复。继承支持系统的可重用性,从而达到减少代码量的作用,而且还促进系统的可扩充性。

多态性:对象根据所接收的消息而做出动作。同一消息为不同的对象接受时可产生完全不同的行动,这种现象称为多态性。多态性用户可发送一个通用的信息,而将所有的实现细节都留给接受消息的对象自行决定,因此同一消息即可调用不同的方法。例如:Print 消息被发送给一幅图或表时调用的打印方法与将同样的 Print 消息发送给一个正文文件而调用的打印方法会完全不同。多态性的实现受到继承性的支持,利用类继承的层次关系,把具有通用功能的协议存放在类层次中尽可能高的地方,而将实现这一功能的不同方法置于较低层次,这样,在这些低层次上生成的对象就能给通用消息以不同的响应。在 OOPL 中可通过在派生类中重定义基类函数(定义为重载函数或虚函数)来实现多态性。

综上可知,在 OO 方法中,对象和传递消息分别表现事物及事物间相互联系的概念。类和继承是适应人们一般思维方式的描述范式。方法是允许作用于该类对象上的各种操作。这种对象、类、消息和方法的程序设计范式的基本点在于对象的封装性和类的继承性。通过封装能将对象的定义和对象的实现分开,通过继承能体现类与类之间的关系,以及由此带来的动态联编和实体的多态性,从而构成了面向对象的基本特征。

OO 方法的作用和意义决不只局限于编程技术,它是一种新的程序设计范型——面向对象程序设计范型;它是信息系统开发的新方法论——面向对象方法学,是正在兴起的新技术——面向对象技术。

面向对象程序设计范型:程序设计范型(以下简称程设范型)具体指的是程序设计的体裁,正如文学上有小说、诗歌、散文等体裁,程序设计体裁是用程序设计语言表达各种概念和各种结构的一套设施。

目前,程设范型分为:过程式程设范型、函数式程设范型,此外,还有进程式程设范型、事件程设范型和类型系统程设范型。每一程设范型都有多种程序设计语言支持(如:FORTRAN、PASCAL、C 均体现过程式程设范型,用来进行面向过程的程序设计),而某些语言兼备多种范型(如:Lisp 属过程与函数混合范型,C + + 则是进程与面向对象混合范型的语言)。

过程式程设范型是流行最广泛的程序设计范型(人们平常所使用的程序设计语言大多属于此类型),此程设范型的中心点是设计过程,所以程序设计时首先要决定的是问题解所需要的过程,然后设计过程的算法。这类范型的语言必须提供设施给过程(函数)传送变元和返回的值,如何区分不同种类的过程(函数)、如何传送变元是这类程序设计中关心的主要问题。

面向对象程设范型是在以上范型之上发展起来的,它的关键在于加入了类及其继承性,用类表示通用特性,子类继承父类的特性,并可加入新的特性。对象以类为样板被创建。所以在面向对象程设范型中,首要的任务是决定所需要的类,每个类应设置足够的操作,并利用继承机制里共享共通的特性。

简而言之,面向对象程设范型具有其他范型所缺乏或不具备的特点,极富生命力,能够适应复杂的大型的软件开发。可以肯定地说,这种新的程设范型必将有力地推动软件开发的新的进展。限于篇幅,其他程设范型在此不作细述。

面向对象方法学:OO 方法遵循一般的认知方法学的基本概念(即有关演绎——从一般到特殊和归纳——从特殊到一般的完整理论和方法体系)而建立面向对象方法等基础。面向对象方法学要点一是认为客观世界是由各种"对象"所组成的,任何事物都是对象,每一个对象都有自己的运动规律和内部状态,每一个对象都属于某个对象"类",都是该对象类的一个元素。复杂的对象可以是由相对比较简单的各种对象以某种方式而构成的。不同对象的组合及相互作用就构成了我们要研究、分析和构造的客观系统。面向对象方法学要点二是通过类比,发现对象间的相似性,即对象间的共同属性,这就是构成对象类的依据。在"父类"、"子类"的概念构成对象类的层次关系时,若不加特殊说明,则处在下一层次上的对象可自然地继承位于上一层次上的对象的属性。面向对象方法学要点三是认为对已分成类的各个对象,可以通过定义一组"方法"来说明该对象的功能,即允许作用于该对象上的各种操作。对象间的相互联系是通过传递"消息"来完成的,消息就是通知对象去完成一个允许作用于该对象的操作,至于该对象将如何完成这个操作的细节,则是封装在相应的对象类的定义中的,细节对于外界是隐蔽的。

可见,OO 方法具有很强的类的概念,因此它就能自然直观地模拟人类认识客观世界的方式,即模拟人类在认知进程中的由一般到特殊的演绎功能或由特殊到一般的归纳功能,类的概念既反映出对象的本质属性,又提供了实现对象共享机制的理论根据。

当我们遵照面向对象方法学的思想进行软件系统开发时,首先要进行面向对象的分析(OOA——Object Oriented Analysis),其任务是了解问题域所涉及的对象、对象间的关系和作用(即操作),然后构造问题的对象模型,力争该模型能真实地反映出所要解决的"实质问题"。在这一过程中,抽象是最本质、最重要的方法。针对不同的问题性质选择不同的抽象层次,过简或过繁都会影响到对问题的本质属性的了解和解决。

其次就是进行面向对象的设计(OOD——Object Oriented Design),即设计软件的对象模型。根据所应用的面向对象软件开发环境的功能强弱不等,在对问题的对象模型的分析基础上,可能要对它进行一定的改造,但应以最少改变原问题域的对象模型为原则。然后在软件系统内设计各个对象、对象间的关系(如层次关系、继承关系等)、对象间的通信方式(如消息模式)等。

最后阶段是面向对象的实现(OOI——Object Oriented Zmplementation),即指软件功能的编码实现,它包括:每个对象的内部功能的实现,确立对象哪一些处理能力应在哪些类中进行描述,确定并实现系统的界面、输出的形式及其他控制机制等,总之是实现在OOD 阶段所规定的各个对象所应完成的任务。

用 OO 方法进行面向对象程序设计,其基本步骤如下:

(1)分析确定在问题空间和解空间出现的全部对象及其属性;

(2)确定应施加于每个对象的操作,即对象固有的处理能力;

(3)分析对象间的联系,确定对象彼此间传递的消息;

(4)设计对象的消息模式,消息模式和处理能力共同构成对象的外部特性;

(5)分析各个对象的外部特性,将具有相同外部特性的对象归为一类,从而确定所需要的类;

(6)确定类间的继承关系,将各对象的公共性质放在较上层的类中描述,通过继承来共享对公共性质的描述;

(7)设计每个类关于对象外部特性的描述;

(8)设计每个类的内部实现(数据结构和方法);

(9)创建所需的对象(类的实例),实现对象间应有的联系(发消息)。

面向对象技术。技术——泛指根据生产实践经验和自然科学原理而发展起来的各种工艺操作方法与技能。广义地讲,还包括相应的生产工具和其他物资设备,以及生产的工艺过程或作业程序、方法。OO方法既是程序设计新范型,又是系统开发的新方法学。其作为一门新技术就有了基本的依据。事实上,OO方法可支持种类不同的系统而开发,已经在或正在许多方面得以应用,因此可以说OO方法是一门新的技术——面向对象技术。

近十多年来,除面向对象的程序设计外,OO方法已发展应用到整个信息系统领域和一些新兴的工业领域,包括:用户界面(特别是图形用户界面——GUI)、应用集成平台、面向对象数据库(OODB)、分布式系统、网络管理结构、人工智能领域以及并发工程、综合集成工程等。人工智能是和计算机密切相关的新领域,在很多方面已经采用面向对象技术,如知识的表示,专家系统的建造、用户界面等。人工智能的软件通常规模较大,用面向对象技术有可能更好地设计并维护这类程序。

20世纪80年代后期形成的并发工程,其概念要点是在产品开发初期(即方案设计阶段)就把结构、工艺、加工、装配、测试、使用、市场等问题同期并行地启动运行,其实现必须有两个基本条件:一是专家群体,二是共享并管理产品信息(即将CAD、CAE、CIN紧密结合在一起)。显然,这需要面向对象技术的支持。目前,一些公司采用并发工程组织产品的开发,已取得显著效益,如波音公司用并发工程开发巨型777运输机,比开发767节省了一年半时间;日本把并发工程用于新型号的汽车生产,和美国相比只用了其一半的时间。产业界认为它们以后的生存要依靠并发工程,而面向对象技术是促进并发工程发展的重要支持。

综合集成工程是开发大型开放式复杂系统的新的工程概念,和并发工程相似,专家群体组织和共享信息,是支持这一新工程概念的两大支柱。由于开放式大系统包含人的智能活动,建立数学模型非常困难,而OO方法能够比较自然地刻画现实世界,容易达到问题空间和程序空间的一致,能够在多种层次上支持复杂系统层次模型的建立,是研究综合集成工程的重要工具。

面向对象技术对于并发工程和综合集成工程的作用,一方面说明了这一新技术应用范围的宽广,同时也说明了它的重要影响;另一方面更证明了面向对象技术是一门新兴的值得广泛重视的技术。

综上所述,可归纳出OO方法用于系统开发有如下优越性:

(1)强调从现实世界中客观存在的事物(对象)出发来认识问题域和构造系统,这就使系统开发者大大减少了对问题域的理解难度,从而使系统能更准确地反映问题域。

(2)运用人类日常的思维方法和原则(体现于OO方法的抽象、分类、继承、封装、消息通信等基本原则)进行系统开发,有益于发挥人类的思维能力,并有效地控制了系统复杂性。

(3)对象的概念贯穿于开发过程的始终,使各个开发阶段的系统成分具有良好的对应,从而显著地提高了系统的开发效率与质量,并大大降低系统维护的难度。

(4)对象概念的一致性,使参与系统开发的各类人员在开发的各阶段具有共同语言,有效地改善了人员之间的交流和协作。

（5）对象的相对稳定性和对易变因素的隔离，增强了系统的应变能力。

（6）对象类之间的继承关系和对象的相对独立性，对软件复用提供了强有力的支持。

面向对象的分析方法（OOA），是在一个系统的开发过程中进行了系统业务调查以后，按照面向对象的思想来分析问题。OOA 与结构化分析有较大的区别。OOA 所强调的是在系统调查资料的基础上，针对 OO 方法所需要的素材进行的归类分析和整理，而不是对管理业务现状和方法的分析。

6.2.2.1　处理复杂问题的原则

用 OOA 方法对所调查结果进行分析处理时，一般依据以下几项原则：

（1）抽象（Abstraction）。抽象是指为了某一分析目的而集中精力研究对象的某一性质，它可以忽略其他与此目的无关的部分。在使用这一概念时，我们承认客观世界的复杂性，也知道事物包括有多个细节，但此时并不打算去完整地考虑它。抽象是我们科学地研究和处理复杂问题的重要方法。抽象机制被用在数据分析方面，称之为数据抽象。数据抽象是 OOA 的核心。数据抽象把一组数据对象以及作用其上的操作组成一个程序实体。使得外部只知道它是如何做和如何表示的。在应用数据抽象原理时，系统分析人员必须确定对象的属性以及处理这些属性的方法，并借助于方法获得属性。在 OOA 中，属性和方法被认为是不可分割的整体。抽象机制有时也被用在对过程的分解方面，被称之为过程抽象。恰当的过程抽象可以对复杂过程的分解和确定以及描述对象发挥积极的作用。

（2）封装（Encapsulation），即信息隐蔽。它是指在确定系统的某一部分内容时，应考虑到其他部分的信息及联系都在这一部分的内部进行，外部各部分之间的信息联系应尽可能得少。

（3）继承（Inheritance）。其是指能直接获得已有的性质和特征，而不必重复定义它们。OOA 可以一次性地指定对象的公共属性和方法，然后再特例化和扩展这些属性及方法为特殊情况，这样可大大减轻在系统实现过程中的重复劳动。在共有属性的基础之上，继承者也可以定义自己独有的特性。

（4）相关（Association）。相关是指把某一时刻或相同环境下发生的事物联系在一起。

（5）消息通信（Communication with Message）。消息通信是指在对象之间互相传递信息的通信方式。

（6）组织方法。在分析和认识世界时，可综合采用如下三种组织方法：①特定对象与其属性之间的区别；②整体对象与相应组成部分对象之间的区别；③不同对象类的构成及其区别等。

（7）比例（Scale）。比例是一种运用整体与部分原则，辅助处理复杂问题的方法。

（8）行为范畴（Categories of Behavior）。它是针对被分析对象而言的，其主要包括：①基于直接原因的行为；②时变性行为；③功能查询性行为。

6.2.2.2　OOA 方法的基本步骤

在用 OOA 方法具体地分析一个事物时，大致上遵循下面五个基本步骤。

第一步，确定对象和类。这里所说的对象是对数据及其处理方式的抽象，它反映了系统保存和处理现实世界中某些事物的信息的能力。类是多个对象的共同属性和方法集合的描述，它包括如何在一个类中建立一个新对象的描述。

第二步,确定结构(structure)。结构是指问题域的复杂性和连接关系。类成员结构反映了泛化—特化关系,整体—部分结构反映整体和局部之间的关系。

第三步,确定主题(subject)。主题是指事物的总体概貌和总体分析模型。

第四步,确定属性(attribute)。属性就是数据元素,可用来描述对象或分类结构的实例,可在图中给出,并在对象的存储中指定。

第五步,确定方法(method)。方法是在收到消息后必须进行的一些处理方法,方法要在图中定义,并在对象的存储中指定。对于每个对象和结构来说,那些用来增加、修改、删除和选择一个方法本身都是隐含的(虽然它们是要在对象的存储中定义的,但并不在图上给出),而有些则是显示的。

面向对象的设计方法(OOD)是 OO 方法中一个中间过渡环节。其主要作用是对 OOA 分析的结果作进一步的规范化整理,以便能够被 OOP 直接接受。在 OOD 的设计过程中,要展开的主要有如下几项工作。

6.2.2.3　对象定义规格的求精过程

对于 OOA 所抽象出来的对象—&—类以及汇集的分析文档,OOD 需要有一个根据设计要求整理和求精的过程,使之更能符合 OOP 的需要。这个整理和求精过程主要有两个方面:一是要根据面向对象的概念模型整理分析所确定的对象结构、属性、方法等内容,改正错误的内容,删去不必要和重复的内容等。二是进行分类整理,以方便下一步数据库设计和程序处理模块设计的需要。整理的方法主要是进行归类,对类—&—对象、属性、方法和结构、主题进行归类。

6.2.2.4　数据模型和数据库设计

数据模型的设计需要确定类、对象属性的内容、消息连接的方式、系统访问、数据模型的方法等。最后每个对象实例的数据都必须落实到面向对象的库结构模型中。

6.2.2.5　OOD 优化设计

OOD 的优化设计过程是从另一个角度对分析结果和处理业务过程的整理归纳,优化包括对象和结构的优化、抽象、集成。

对象和结构的模块化表示 OOD 提供了一种范式,这种范式支持对类和结构的模块化。这种模块符合一般模块化所要求的所有特点,如信息隐蔽性好,内部聚合度强和模块之间耦合度弱等。

集成化使得单个构件有机地结合在一起,相互支持。

当前,在研究 OO 方法的热潮中,有如下几个主要研究领域:

(1)智能计算机的研究。因为 OO 方法可将知识片看做对象,并为相关知识的模块化提供方便,所以在知识工程领域越来越受到重视。OO 方法的设计思想被引入到智能计算机的研究中。

(2)新一代操作系统的研究。采用 OO 方法来组织设计新一代操作系统具有如下优点:采用对象来描述 OS 所需要设计、管理的各类资源信息,如文件、打印机、处理机、各类解设等更为自然;引入 OO 方法来处理 OO 的诸多事务,如命名、同步、保护、管理等,会更易实现、更便于维护;OO 方法对于多机、并发控制可提供有力的支持,并能在当地管理网络上使其更丰富和协调。

（3）多学科的综合研究。当前,人工智能、数据库、编程语言的研究有汇合趋势。例如,在研究新一代数据库系统(智能数据库系统)中,能否用人工智能思想与 OO 方法建立描述功能更强的数据模型,能否将数据库语言和编程语言融为一体,为了实现多学科的综合,OO 方法是一个很有希望的汇聚点。

（4）新一代面向对象的硬件系统的研究。要支持采用 OO 方法设计的软件系统的运行,必须建立更理想的能支持 OO 方法的硬件环境。目前采用的松耦合(分布主存)结构的多处理机系统更接近于 OO 方法的思想;作为最新出现的神经网络计算机的体系结构与 OO 方法的体系结构具有惊人的类似,并能相互支持与配合:一个神经元就是一个小粒度的对象,神经元的连接机制与 OO 方法的消息传送有着天然的联系,一次连接可以看做一次消息的发送。可以预想,将 OO 方法与神经网络研究相互结合,必然可以开发出功能更强、更迷人的新一代计算机硬件系统。

6.2.3　面向对象程序的优点

面向对象技术给软件发展带来如下的益处:

（1）可重用性。从一开始对象的产生就是为了重复利用,完成的对象将在今后的程序开发中被部分或全部地重复利用。

（2）可靠性。由于面向对象的应用程序包含了通过测试的标准部分,因此更加可靠。由于大量代码来源于成熟可靠的类库,因而新开发程序的新增代码明显减少,这是程序可靠性提高的一个重要原因。

（3）连续性。具有面向对象特点的 C#,程序员可以比较容易地过渡到 C#语言开发工作中。

面向对象语言具有如下基本特征:

（1）访问控制。对象必须能够对其内部的某些元素进行保护,使它们只能被内部使用,而不受外部干扰。反过来,对象又必须同其他外部元素进行联系,以便对对象进行操作。

（2）继承性。通过对已有对象进行增加或部分修改的方法建立新的对象,对已有对象可以增加数据和过程,也可以对其中某些过程进行重新定义。最初的类被称为基类,从基类扩展出来的类称为派生类。从已有类派生出新类是为了获得更强的针对性。

（3）多态性。正像生态系统一样,继承构成了类族。通常这些类族中的类具有同名的成员函数。多态性意味着存在多种形式,能使人们在程序中激活任何属于类的成员函数。

面向对象技术特别适合于将某一领域内的软件资源整理成体系化,因为它有很好的表现能力,能够容易抓住特定功能领域的本质。

防洪工程维护管理系统中,我们将用户单位和工程维护项目做为对象来进行设计,这样可以很方便地对业务进行扩充,充分适应了建管业务复杂多变的情况。

面向对象程序设计具有许多优点:

（1）开发时间短,效率高,可靠性高,所开发的程序更强壮。由于面向对象编程的可重用性,可以在应用程序中大量采用成熟的类库,从而缩短了开发时间。

（2）应用程序更易于维护、更新和升级。继承和封装使得应用程序的修改带来的影响更加局部化。

6.3 多语言混合编程(Mash Up)

考虑到所有客户端界面的一致性和 Internet/Intranet 应用,系统主体采用基于 Web 的 B/S(浏览器/服务器)结构:浏览器—Web 服务器—数据库服务器;同时考虑部分模块的安全性和高性能需求,如用户管理、数据分析等业务,采用 C/S 结构来实现。

同时系统充分利用了各种技术手段来解决实际问题。采用 J2EE 技术和 . NET 技术开发。J2EE 是一种利用 Java2 平台来简化诸多与多级企业解决方案的开发、部署和管理相关的复杂问题的体系结构。J2EE 技术的基础就是核心 Java 平台或 Java2 平台的标准版,J2EE 不仅巩固了标准版中的许多优点,例如"编写一次、随处运行"的特性、方便存取数据库的 JDBCAPI、CORBA 技术以及能够在 Internet 应用中保护数据的安全模式等,同时还提供了对 EJB(Enterprise Java Beans)、Java Servlets API、JSP(Java Server Pages)以及 XML 技术的全面支持。NET 是一套完整的开发工具,用于生成 ASP Web 应用程序、XML Web Services、桌面应用程序和移动应用程序。Visual Basic. NET、Visual C + . NET、Visual C#. NET 和 Visual J#. NET 全都使用相同的集成开发环境(IDE),该环境允许它们共享工具并有助于创建混合语言解决方案。另外,这些语言利用了 . NET Framework 的功能,此框架提供对简化 ASP Web 应用程序和 XML Web Services 开发的关键技术的访问。系统中大量图表的生成使用了 Java 技术,而系统整体框架则使用 . NET 进行开发。

客户端应用 Ajax 技术,大量使用 Java Script 脚本用以提高程序性能,大大改善了用户体验。

6.3.1 J2EE 技术

6.3.1.1 J2EE 的简介

J2EE:即 Java2 平台企业版(Java2 Platform,Enterprise Edition),其框架图见图 6-3。

J2EE 的核心是一组技术规范与指南,其中所包含的各类组件、服务架构及技术层次,均有共通的标准及规格,让各种依循 J2EE 架构的不同平台之间,存在良好的兼容性,解决过去企业后端使用的信息产品彼此之间无法兼容,企业内部或外部难以互通的窘境。

目前,Java2 平台有 3 个版本,它们是适用于小型设备和智能卡的 Java2 平台 Micro 版(Java2 Platform Micro Edition,J2ME)、适用于桌面系统的 Java2 平台标准版(Java2 Platform Standard Edition,J2SE)、适用于创建服务器应用程序和服务的 Java2 平台企业版(Java2 Platform Enterprise Edition,J2EE)。其最终目的就是成为一个能够使企业开发者大幅缩短投放市场时间的体系结构。

Java2 体系结构提供中间层集成框架用来满足无需太多费用而又需要高可用性、高可靠性以及可扩展性的应用的需求。通过提供统一的开发平台,J2EE 降低了开发多层应用的费用和复杂性,同时提供对现有应用程序集成强有力的支持,完全支持 Enterprise JavaBeans,有良好的向导支持打包和部署应用,添加目录支持,增强了安全机制,提高了性能。

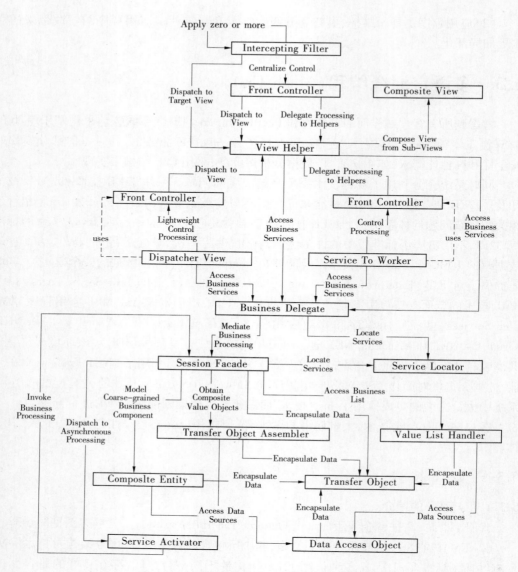

图 6-3　Java2 Platform, Enterprise Edition 架构图

J2EE 为搭建具有可伸缩性、灵活性、易维护性的商务系统提供了良好的机制,如:

（1）保留现存的 IT 资产。

由于企业必须适应新的商业需求,利用已有的企业信息系统方面的投资,而不是重新制定全盘方案,这就变得很重要了。这样,一个以渐进的(而不是激进的,全盘否定的)方式建立在已有系统之上的服务器端平台机制是公司所需求的。J2EE 架构可以充分利用用户原有的投资,如一些公司使用的 BEA Tuxedo、IBM CICS、IBM Encina、Inprise VisiBroker 以及 Netscape Application Server。这之所以成为可能,是因为 J2EE 拥有广泛的业界支持和一些重要的“企业计算”领域供应商的参与。每一个供应商都对现有的客户提供了不用废弃已有投资,进入可移植的 J2EE 领域的升级途径。由于基于 J2EE 平台的产品几

· 122 ·

乎能够在任何操作系统和硬件配置上运行,现有的操作系统和硬件也能被保留使用。

(2)高效的开发。

J2EE 允许公司把一些通用的、很烦琐的服务端任务交给中间供应商去完成。这样开发人员可以集中精力在如何创建商业逻辑上,相应地缩短了开发时间。高级中间件供应商提供以下这些复杂的中间件服务。

状态管理服务:让开发人员写更少的代码,不用关心如何管理状态,这样能够更快地完成程序开发。

持续性服务:让开发人员不用对数据访问逻辑进行编码就能编写应用程序,能生成更轻巧,与数据库无关的应用程序,这种应用程序更易于开发与维护。

分布式共享数据对象 CACHE 服务:让开发人员编制高性能的系统,极大提高了整体部署的伸缩性。

(3)支持异构环境。

J2EE 能够开发部署在异构环境中的可移植程序。基于 J2EE 的应用程序不依赖任何特定操作系统、中间件、硬件。因此,设计合理的基于 J2EE 的程序只需开发一次就可部署到各种平台。这在典型的异构企业计算环境中是十分关键的。J2EE 标准也允许客户订购与 J2EE 兼容的第三方的现成的组件,把他们部署到异构环境中,节省了由自己制定整个方案所需的费用。

(4)可伸缩性。

企业必须要选择一种服务器端平台,这种平台应能提供极佳的可伸缩性去满足那些在他们系统上进行商业运作的大批新客户。基于 J2EE 平台的应用程序可被部署到各种操作系统上。例如可被部署到高端 UNIX 与大型机系统,这种系统单机可支持 64～256 个处理器(这是 NT 服务器所望尘莫及的)。J2EE 领域的供应商提供了更为广泛的负载平衡策略,能消除系统中的瓶颈,允许多台服务器集成部署。这种部署可达数千个处理器,实现可高度伸缩的系统,满足未来商业应用的需要。

(5)稳定的可用性。

一个服务器端平台必须能全天候运转,以满足公司客户、合作伙伴的需要。因为 Internet是全球化的、无处不在的,即使在夜间按计划停机也可能造成严重损失。若是意外停机,那会有灾难性后果。J2EE 部署到可靠的操作环境中,他们支持长期的可用性。一些 J2EE 部署在 Windows 环境中,客户也可选择健壮性能更好的操作系统如 Sun Solaris、IBM OS/390。最健壮的操作系统可达到 99.999% 的可用性或每年只需 5 min 停机时间。这是实时性很强的商业系统理想的选择。

J2EE 使用多层的分布式应用模型,应用逻辑按功能划分为组件,各个应用组件根据他们所在的层分布在不同的机器上(见图6-4)。事实上,Sun 设计 J2EE 的初衷正是为了解决两层模式(client/server)的弊端,在传统模式中,客户端担当了过多的角色而显得臃肿,在这种模式中,第一次部署的时候比较容易,但难于升级或改进,可伸展性也不理想,而且经常基于某种专有的协议,通常是某种数据库协议,它使得重用业务逻辑和界面逻辑非常困难。现在 J2EE 的多层企业级应用模型将两层化模型中的不同层面切分成许多层。一个多层化应用能够为不同的每种服务提供一个独立的层,以下是 J2EE 典型的四层结构:①运行在客户端机器上的客户层组件;②运行在 J2EE 服务器上的 Web 层组件;③运行在 J2EE 服务器上的业务逻辑层组件;④运行在 EIS 服务器上的企业信息系统(Enterprise Information System)层软件。

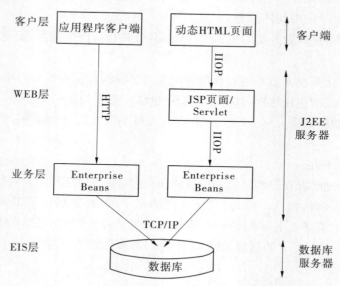

图 6-4   J2EE 多层分布式应用模型结构图

J2EE 应用程序是由组件构成的。J2EE 组件是具有独立功能的软件单元,它们通过相关的类和文件组装成 J2EE 应用程序,并与其他组件交互。J2EE 说明书中定义了以下的 J2EE 组件:应用客户端程序和 Applets 是客户层组件,Java Servlet 和 JavaServer Pages(JSP)是 Web 层组件,Enterprise JavaBeans(EJB)是业务层组件。

J2EE Web 层组件可以是 JSP 页面或 Servlets。按照 J2EE 规范,静态的 HTML 页面和 Applets 不算是 Web 层组件。Web 层可能包含某些 Java Bean 对象来处理用户输入,并把输入发送给运行在业务层上的 Enterprise bean 来进行处理。

业务层代码的逻辑用来满足银行、零售、金融等特殊商务领域的需要,由运行在业务层上的 Enterprise bean 进行处理。一个 Enterprise bean 是如何从客户端程序接收数据,进行处理(如果必要的话),并发送到 EIS 层储存的,这个过程也可以逆向进行。有三种企业级的 bean:即会话(session)beans 实体(entity)beans 和消息驱动(message-driven)beans。会话 bean 表示与客户端程序的临时交互。当客户端程序执行完后,会话 bean 和相关数据就会消失。相反,实体 bean 表示数据库的表中一行永久的记录。当客户端程序中止或服务器关闭时,就会有潜在的服务保证实体 bean 的数据得以保存。消息驱动 bean 结合了会话 bean 和 JMS 的消息监听器的特性,允许一个业务层组件异步接收 JMS 消息。

企业信息系统层处理企业信息系统软件包括企业基础建设系统,例如企业资源计划(ERP),大型机事务处理,数据库系统和其他的遗留信息系统。例如,J2EE 应用组件可能为了数据库连接需要访问企业信息系统。

这种基于组件,具有平台无关性的 J2EE 结构,使得 J2EE 程序的编写十分简单,因为业务逻辑被封装成可复用的组件,并且 J2EE 服务器以容器的形式为所有的组件类型提供后台服务。因为你不用自己开发这种服务,所以你可以集中精力解决手头的业务问题。容器和服务容器设置定制了 J2EE 服务器所提供的内在支持,包括安全、事务管理、JNDI(Java Naming and Directory Interface)寻址,远程连接等服务,以下列出最重要的几种服务。

J2EE 安全(Security)模型可以让你配置 Web 组件或 Enterprise bean,这样只有被授权的用户才能访问系统资源。每一客户属于一个特别的角色,而每个角色只允许激活特定的方法。你应在 Enterprise bean 的布置描述中声明角色和可被激活的方法。由于这是种声明性的方法,你不必编写加强安全性的规则。

J2EE 事务管理(Transaction Management)模型让你指定组成一个事务中所有方法间的关系,这样一个事务中的所有方法被当成一个单一的单元。当客户端激活一个 Enterprise bean 中的方法,容器介入管理事务。因有容器管理事务,在 Enterprise bean 中不必对事务的边界进行编码。要求控制分布式事务的代码会非常复杂。你只需在布置描述文件中声明 Enterprise bean 的事务属性,而不用编写并调试复杂的代码。容器将读此文件并为你处理此 Enterprise bean 的事务。JNDI 寻址(JNDI Lookup)服务向企业内的多重名字和目录服务提供了一个统一的接口,这样应用程序组件可以访问名字和目录服务。

J2EE 远程连接(Remote Client Connectivity)模型管理客户端和 Enterprise bean 间的低层交互。当一个 Enterprise bean 创建后,一个客户端可以调用它的方法就像它和客户端位于同一虚拟机上一样。

生存周期管理(Life Cycle Management)模型管理 Enterprise bean 的创建和移除,一个 Enterprise bean 在其生存周期中将会历经几种状态。容器创建 Enterprise bean,并在可用实例池与活动状态中移动它,而最终将其从容器中移除。即使可以调用 Enterprise bean 的 create 及 remove 方法,容器也将会在后台执行这些任务。

数据库连接池(Database Connection Pooling)模型是一个有价值的资源。获取数据库连接是一项耗时的工作,而且连接数非常有限。容器通过管理连接池来缓和这些问题。Enterprise bean 可从池中迅速获取连接。在 bean 释放连接之后为其他 bean 使用。容器类型 J2EE 应用组件可以安装部署到以下几种容器中去:EJB 容器管理所有 J2EE 应用程序中企业级 bean 的执行。Enterprise bean 和它们的容器运行在 J2EE 服务器上。Web 容器管理所有 J2EE 应用程序中 JSP 页面和 Servlet 组件的执行。Web 组件和它们的容器运行在 J2EE 服务器上。应用程序客户端容器管理所有 J2EE 应用程序客户端组件的执行。应用程序客户端和它们的容器运行在 J2EE 服务器上。Applet 容器是运行在客户端上的 Web 浏览器和 Java 插件的结合。

J2EE 平台由一整套服务(Services)、应用程序接口(APIs)和协议构成,它对开发基于 Web 的多层应用提供了功能支持,下面对 J2EE 中的 12 种技术规范进行简单的描述(限于篇幅,这里只能进行简单的描述):

(1)JDBC(Java Database Connectivity)。

JDBC API 为访问不同的数据库提供了一种统一的途径,像 ODBC 一样,JDBC 对开发者屏蔽了一些细节问题,另外,JDBC 对数据库的访问也具有平台无关性。

（2）JNDI（Java Naming and Directory Interface）。

JNDI API 被用于执行名字和目录服务。它提供了一致的模型来存取和操作企业级的资源如 DNS 和 LDAP,本地文件系统,或应用服务器中的对象。

（3）EJB（Enterprise JavaBean）。

J2EE 技术之所以赢得媒体广泛重视的原因之一就是 EJB。它们提供了一个框架来开发和实施分布式商务逻辑,由此很显著地简化了具有可伸缩性和高度复杂的企业级应用的开发。EJB 规范定义了 EJB 组件在何时如何与它们的容器进行交互作用。容器负责提供公用的服务,例如目录服务、事务管理、安全性、资源缓冲池以及容错性。但这里值得注意的是,EJB 并不是实现 J2EE 的唯一途径。正是由于 J2EE 的开放性,使得有的厂商能够以一种和 EJB 平行的方式来达到同样的目的。

（4）RMI（Remote Method Invoke）。

正如其名字所表示的那样,RMI 协议是调用远程对象的方法。它使用了序列化方式在客户端和服务器端传递数据。RMI 是一种被 EJB 使用的更底层的协议。

（5）Java IDL/CORBA。

在 Java IDL 的支持下,开发人员可以将 Java 和 CORBA 集成在一起。他们可以创建 Java 对象并使之可在 CORBA ORB 中展开,或者他们还可以创建 Java 类,并作为和其他 ORB 一起展开的 CORBA 对象的客户。后一种方法提供了另外一种途径,通过它,Java 可以用于将新的应用和旧的系统集成中。

（6）JSP（Java Server Pages）。

JSP 页面由 HTML 代码和嵌入其中的 Java 代码所组成。服务器在页面被客户端所请求以后对这些 Java 代码进行处理,然后将生成的 HTML 页面返回给客户端的浏览器。

（7）Java Servlet。

Servlet 是一种小型的 Java 程序,它扩展了 Web 服务器的功能。作为一种服务器端的应用,当被请求时开始执行,这和 CGI Perl 脚本很相似。Servlet 提供的功能大多与 JSP 类似,不过实现的方式不同。JSP 通常是大多数 HTML 代码中嵌入少量的 Java 代码,而 Servlets 全部由 Java 写成并且生成 HTML。

（8）XML（Extensible Markup Language）。

XML 是一种可以用来定义其他标记语言的语言。它被用来在不同的商务过程中共享数据。XML 的发展和 Java 是相互独立的,但是,它和 Java 具有的相同目标正是平台独立性。通过将 Java 和 XML 的组合,可以得到一个完美的具有平台独立性的解决方案。

（9）JMS（Java Message Service）。

JMS 是用于和面向消息的中间件相互通信的应用程序接口（API）。它既支持点对点的域,又支持发布/订阅（publish/subscribe）类型的域,并且提供对下列类型的支持:经认可的消息传递,事务型消息的传递,一致性消息和具有持久性的订阅者支持。JMS 还提供了另一种方式把应用与旧的后台系统相集成。

（10）JTA（Java Transaction Architecture）。

JTA 定义了一种标准的 API,应用系统由此可以访问各种事务监控。JTS（Java Transaction Service）是 CORBA OTS 事务监控的基本的实现。JTS 规定了事务管理器的实现方式。该事务管理器是在高层支持 Java Transaction API（JTA）规范,并且在较底层实现

OMG OTS specification 的 Java 映像。JTS 事务管理器为应用服务器、资源管理器、独立的应用以及通信资源管理器提供了事务服务。

（11）JavaMail。

JavaMail 是用于存取邮件服务器的 API，它提供了一套邮件服务器的抽象类。不仅支持 SMTP 服务器，也支持 IMAP 服务器。

（12）JAF（JavaBeans Activation Framework）。

JavaMail 利用 JAF 来处理 MIME 编码的邮件附件。MIME 的字节流可以被转换成 Java 对象，或者转换自 Java 对象。大多数应用都可以不需要直接使用 JAF。

6.3.1.2　J2EE 提出的背景

（1）企业级应用框架的需求（其框架结构图见图 6-5）。

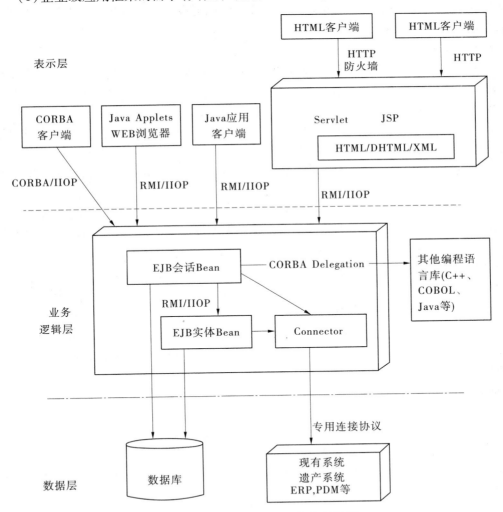

图 6-5　J2EE 企业级应用框架结构图

在许多企业级应用中，例如数据库连接、邮件服务、事务处理等都是一些通用企业需求模块，这些模块如果每次再开发时都由开发人员来完成的话，将会造成开发周期长和代码可靠性差等问题。于是许多大公司开发了自己的通用模块服务。这些服务性的软件系列统称为中间件。

（2）为了通用必须要提出规范，不然无法达到通用在上面的需求基础之上，许多公司都开发了自己的中间件，但其与用户的沟通都各有不同，从而导致用户无法将各个公司不同的中间件组装在一块为自己服务，从而产生瓶颈。于是就提出标准的概念。其实 J2EE 就是基于 JAVA 技术的一系列标准。

6.3.1.3　相关名词解释

容器：充当中间件的角色 Web 容器，给处于其中的应用程序组件（JSP，Servlet）提供一个环境，使 JSP，Servlet 直接与容器中的环境变量接口交互，不必关注其他系统问题。主要由 Web 服务器来实现。例如：TomCat、WebLogic、WebSphere 等。该容器提供的接口严格遵守 J2EE 规范中的 Web Application 标准。我们把遵守以上标准的 Web 服务器就叫做 J2EE 中的 Web 容器。

容器：Enterprise java bean 容器。更具有行业领域特色。它提供给运行在其中的组件 EJB 各种管理功能。只要满足 J2EE 规范的 EJB 放入该容器，马上就会被容器进行高效率的管理。并且可以通过现成的接口来获得系统级别的服务。例如邮件服务、事务管理。

Web 容器和 EJB 容器在原理上是大体相同的，更多的区别是被隔离的外界环境。Web 容器更多的是跟基于 HTTP 的请求打交道。而 EJB 容器不是。它是更多地跟数据库、其他服务打交道。但它们都是与外界交互，从而减轻应用程序的负担。例如 Servlet 不用关心 HTTP 的细节，直接引用环境变量 session、request、response 就行；EJB 不用关心数据库连接速度、各种事务控制，直接由容器来完成。

RMI/IIOP：远程方法调用 Internet 对象请求中介协议，它们主要用于通过远程调用服务。例如，远程有一台计算机上运行一个程序，它提供股票分析服务，我们可以在本地计算机上实现对其直接调用。当然这是要通过一定的规范才能在异构的系统之间进行通信。RMI 是 JAVA 特有的。

JNDI：JAVA 命名目录服务。主要提供的功能是：提供一个目录系统，让其他各地的应用程序在其上面留下自己的索引，从而满足快速查找和定位分布式应用程序的功能。

JMS：JAVA 消息服务。主要实现各个应用程序之间的通信，包括点对点和广播。

JAVAMAIL：JAVA 邮件服务。提供邮件的存储、传输功能。它是编程中实现邮件功能的核心。相当于 MS 中的 EXCHANGE 开发包。

JTA：JAVA 事务服务。提供各种分布式事务服务。应用程序只需调用其提供的接口即可。

JAF：JAVA 安全认证框架。提供一些安全控制方面的框架。让开发者通过各种部署和自定义实现自己的个性安全控制策略。

EAI：企业应用集成。EAI 是一种概念，牵涉到很多技术。J2EE 技术是一种很好的集成实现。

6.3.1.4　J2EE 的优越性

（1）基于 JAVA 技术，平台无关性表现突出。

（2）开放的标准，许多大型公司已经实现了对该规范支持的应用服务器。如 BEA、

IBM、ORACLE 等。

(3)提供相当专业的通用软件服务。

(4)提供了一个优秀的企业级应用程序框架,对快速高质量开发打下基础。

6.3.1.5　现状

J2EE 是由 SUN 公司开发的一套企业级应用规范。支持 J2EE 的应用服务器有 IBM WEBSPHERE APPLICATION SERVER,BEA WEBLOGIC SERVER,JBOSS,ORACLE APPLI-CATION SERVER,SUN ONE APPLICATION SERVER 等。

为了联系实际,GOULD 基于 WEBLOGIC 应用服务器(来自 BEA SYSTEMS 公司的一种广为应用的产品)环境来介绍 J2EE 的这些技术。

JAVA 最初是在浏览器和客户端机器中开始出现的。当时,很多人质疑它是否适合做服务器端的开发。现在,随着对 JAVA2 平台企业版(J2EE)第三方支持的增多,JAVA 被广泛接纳并为开发企业级服务器端解决方案的首选平台之一。

J2EE 平台由一整套服务(SERVICES)、应用程序接口(APIS)和协议构成,它对开发基于 Web 的多层应用提供了功能支持。在文中将解释支撑 J2EE 的 13 种核心技术:JD-BC、JNDI、EJBS、RMI、JSP、JAVA SERVLETS、XML、JMS、JAVA IDL、JTS、JTA、JAVA MAIL 和 JAF,同时还将描述在何时、何处需要使用这些技术。当然,还要介绍这些不同的技术之间是如何交互的。此外,为了让您更好地感受 J2EE 的真实应用,书中将在 WEBLOGIC 应用服务器(来自 BEA SYSTEMS 公司的一种广为应用的产品)环境下来介绍这些技术。不论对于 WEBLOGIC 应用服务器和 J2EE 的新手,还是那些想了解 J2EE 能带来什么好处的项目管理者和系统分析员,本文都有参考价值。

1)分布式结构和 J2EE

过去,二层化应用,通常被称为 CLIENT/SERVER 应用,是大家谈论最多的。在很多情况下,服务器提供的唯一服务就是数据库服务。在这种解决方案中,客户端程序负责数据访问、实现业务逻辑、用合适的样式显示结果、弹出预设的用户界面、接受用户输入等。CLIENT/SERVER 结构通常在第一次部署的时候比较容易,但难于升级或改进,而且经常基于某种专有的协议(通常是某种数据库协议)。它使得重用业务逻辑和界面逻辑非常困难。更重要的是,在 WEB 时代,二层化应用通常不能体现出很好的伸缩性,因而很难适应 INTERNET 的要求。

SUN 设计 J2EE 的部分起因就是想解决二层化结构的缺陷。于是 J2EE 定义了一套标准来简化 N 层企业级应用的开发。它定义了一套标准化的组件,并为这些组件提供了完整的服务。J2EE 还自动为应用程序处理了很多实现细节,如安全、多线程等。用 J2EE 开发 N 层应用包括将二层化结构中的不同层面切分成许多层。一个 N 层化应用 A 能够为以下的每种服务提供一个分开的层:①显示。在一个典型的 Web 应用中,客户端机器上运行的浏览器负责实现用户界面。②动态生成显示。尽管浏览器可以完成某些动态内容显示,但为了兼容不同的浏览器,这些动态生成工作应该放在 Web 服务器端进行,使用 JSP、SERVLETS、XML(可扩展标记语言)和 XSL(可扩展样式表语言)。

业务逻辑:业务逻辑适合用 SESSION EJB(后面将介绍)来实现。

数据访问:数据访问适合用 ENTITY EJB(后面将介绍)和 JDBC 来实现。

后台系统集成:后台系统的集成可能需要用到许多不同的技术,至于何种为最佳,需要根据后台系统的特征而定。

您可能开始诧异:为什么有这么多的层?事实上,多层方式可以使企业级应用具有很强的伸缩性,它允许每层专注于特定的角色。例如,让 Web 服务器负责提供页面,应用服务器处理应用逻辑,而数据库服务器提供数据库服务。

由于 J2EE 建立在 JAVA2 平台标准版(J2SE)的基础上,所以具备了 J2SE 的所有优点和功能。包括"编写一次,到处可用"的可移植性、通过 JDBC 访问数据库、同原有企业资源进行交互的 CORBA 技术以及一个经过验证的安全模型。在这些基础上,J2EE 又增加了对 EJB(企业级 JAVA 组件)、JAVA SERVLETS、JAVA 服务器页面(JSPS)和 XML 技术的支持。

2)分布式结构与 WEBLOGIC 应用服务器

J2EE 提供了一个框架———一套标准 API——用于开发分布式结构的应用,这个框架的实际实现留给了第三方厂商。部分厂商只是专注于整个 J2EE 架构中的特定组件,例如 APACHE 的 TOMCAT 提供了对 JSP 和 SERVLETS 的支持,BEA 系统公司则通过其 WebLOGIC 应用服务器产品为整个 J2EE 规范提供了一个较为完整的实现。

WebLOGIC 服务器已使建立和部署伸缩性较好的分布式应用的过程大为简化。WebLOGIC 和 J2EE 代你处理了大量常规的编程任务,包括提供事务服务、安全领域、可靠的消息、名字和目录服务、数据库访问和连接池、线程池、负载平衡和容错处理等。通过以一种标准、易用的方式提供这些公共服务,像 WebLOGIC 服务器这样的产品造就了具有更好伸缩性和可维护性的应用系统,使其为大量的用户提供了增长的可用性。

J2EE 技术在接下来的部分里,我们将描述构成 J2EE 的各种技术,并且了解 WebLOGIC 服务器是如何在一个分布式应用中对它们进行支持的。最常用的 J2EE 技术应该是 JDBC、JNDI、EJB、JSP 和 SERVLETS,对这些我们将作更仔细的考察。

3)JAVA DATABASE CONNECTIVITY(JDBC)

JDBC API 以一种统一的方式来对各种各样的数据库进行存取。和 ODBC 一样,JDBC 为开发人员隐藏了不同数据库的不同特性。另外,由于 JDBC 建立在 JAVA 的基础上,因此还提供了数据库存取的平台独立性。

JDBC 定义了 4 种不同的驱动程序,现分述如下:

(1)类型 1:JDBC - ODBC BRIDGE。

在 JDBC 出现的初期,JDBC - ODBC 桥显然是非常有实用意义的,通过 JDBC - ODBC 桥,开发人员可以使用 JDBC 来存取 ODBC 数据源。不足的是,它需要在客户端安装 ODBC 驱动程序,换句话说,必须安装 Microsoft Windows 的某个版本。使用这一类型你需要牺牲 JDBC 的平台独立性。另外,ODBC 驱动程序还需要具有客户端的控制权限。

(2)类型 2:JDBC - NATIVE DRIVER BRIDGE。

JDBC 本地驱动程序桥提供了一种 JDBC 接口,它建立在本地数据库驱动程序的顶层,而不需要使用 ODBC。JDBC 驱动程序将对数据库的 API 从标准的 JDBC 调用转换为本地调用。使用此类型需要牺牲 JDBC 的平台独立性,还要求在客户端安装一些本地代码。

（3）类型 3：JDBC – NETWORK BRIDGE。

JDBC 网络桥驱动程序不再需要客户端数据库驱动程序。它使用网络上的中间服务器来存取数据库。这种应用使得以下技术的实现有了可能，包括负载均衡、连接缓冲池和数据缓存等。由于第 3 种类型往往只需要相对更少的下载时间，具有平台独立性，而且不需要在客户端安装并取得控制权，所以很适合于 INTERNET 上的应用。

（4）类型 4：PURE JAVA DRIVER。

第 4 种类型通过使用一个纯 JAVA 数据库驱动程序来执行数据库的直接访问。此类型实际上在客户端实现了 2 层结构。要在 N 层结构中应用，一个更好的做法是编写一个 EJB，让它包含存取代码并提供一个对客户端具有数据库独立性的服务。

WebLOGIC 服务器为一些通常的数据库提供了 JDBC 驱动程序，包括 ORACLE、SYBASE、MICROSOFT SQL SERVER 及 INFORMIX。它也带有一种 JDBC 驱动程序用于 CLOUDSCAPE，这是一种纯 JAVA 的 DBMS，WebLOGIC 服务器中带有该数据库的评估版本。

6.3.2　NET 技术

ASP. NET 的前身是 ASP 技术，是在 IIS 2.0 上首次推出（Windows NT 3.51），当时与 ADO 1.0 一起推出的，在 IIS 3.0 （Windows NT 4.0）发扬光大，成为服务器端应用程序的热门开发工具时，微软还特别为它量身打造了 Visual InterDev 开发工具，1994 ~ 2000 年之间，ASP 技术已经成为微软推展 Windows NT 4.0 平台的关键技术之一，数以万计的 ASP 网站也是这个时候如雨后春笋般的出现在网络上。它的简单以及高度客制化的能力，也是它能迅速兴起的原因之一。不过 ASP 的缺点也逐渐地浮现出来。

意大利面型的程序开发方法，让维护的难度提高很多，尤其是大型的 ASP 应用程序。直译式的 VBScript 或 JScript 语言，让效能有些许的受限。延展性因为其基础架构扩充性不足而受限，虽然有 COM 元件可用，但开发一些特殊功能（像文件上传）时，没有来自内置的支持，需要寻求第三方软件商开发的元件。1997 年，微软开始针对 ASP 的缺点（尤其是意大利面型的程序开发方法）准备开始一个新项目的开发，当时 ASP. NET 的主要领导人 Scott Guthrie 刚从杜克大学毕业，他和 IIS 团队的 Mark Anders 经理一起合作两个月，开发出了下一代 ASP 技术的原型，这个原型在 1997 年的圣诞节时被发展出来，并给予一个名称：XSP，这个原型产品使用的是 JAVA 语言。不过它马上就被纳入当时还在开发中的 CLR 平台，Scott Guthrie 事后也认为将这个技术移植到当时的 CLR 平台，确实有很大的风险，但当时的 XSP 团队却是以 CLR 开发应用的第一个团队。

为了将 XSP 移植到 CLR 中，XSP 团队将 XSP 的内核程序全部以 C#语言重新撰写（在内部的项目代号是"Project Cool"，但当时对公开场合却是保密的），并且改名为 ASP + ，作为 ASP 技术的后继者，XSP 也会提供一个简单的移转方法给 ASP 开发人员。ASP + 首次的 Beta 版本以及在 PDC 2000 应用中亮相，由 Bill Gates 主讲 Keynote（即关键技术的概览），由富士通公司展示使用 COBOL 语言撰写 ASP + 应用程序，并且宣布它可以使用 Visual Basic. NET、C#、Perl 与 Python 语言（后两者由 ActiveState 公司开发的互通工具支持）来开发。

在 2000 年第二季度时,微软正式推动 . NET 策略,ASP + 也顺理成章的改名为 ASP. net,经过四年的开发,第一个版本的 ASP. net 在 2002 年 1 月 5 日亮相(和 . NET Framework 1.0),Scott Guthrie 也成为 ASP. net 的产品经理(到现在已经开发了数个微软产品,像 ASP. net AJAX 和 Microsoft Silverlight)。目前最新版本的 ASP. net 4.0 以及 . NET Framework 4.0 仍在开发中。ASP. net 的特点有以下几项。

(1)世界级的工具支持。

ASP. net 构架是可以用 Microsoft(R)公司最新的产品 Visual Studio. net 开发环境进行开发,WYSIWYG(What You See Is What You Get 所见即为所得)的编辑。这些仅是 ASP. net 强大化软件支持的一小部分。

(2)强大性和适应性。

因为 ASP. net 是基于通用语言的编译运行的程序,所以它的强大性和适应性,可以使它运行在 Web 应用软件开发者的几乎全部的平台上。通用语言的基本库,消息机制,数据接口的处理都能无缝的整合到 ASP. net 的 Web 应用中。ASP. net 同时也是 language - independent语言独立化的,所以,你可以选择一种最适合你的语言来编写你的程序,或者把你的程序用很多种语言来写,现在已经支持的有 C#(C + + 和 Java 的结合体),VB, Jscript,C + + 、F + +。将来,这样的多种程序语言协同工作的能力保护您现在的基于 COM + 开发的程序,能够完整的移植向 ASP. net。

ASP. net 一般分为两种开发语言:VB. net 和 C#。C#相对比较常用,因为是 . NET 独有的语言;VB. net 则为以前 VB 程序设计,适合于以前的 VB 程序员,如果新接触 . NET,没有其他开发语言经验,建议直接学习 C#即可。

(3)简单性和易学性。

ASP. net 使运行一些很平常的任务如表单的提交客户端的身份验证、分布系统和网站配置变得非常简单。例如 ASP. net 页面构架允许建立自己的用户分界面,使其不同于常见的 VB - Like 界面。

(4)高效可管理性。

ASP. net 使用一种字符基础的,分级的配置系统,使服务器环境和应用程序的设置更加简单。因为配置信息都保存在简单文本中,新的设置有可能都不需要启动本地的管理员工具就可以实现。这种被称为"Zero Local Administration"的哲学观念使 Asp. net 的基于应用的开发更加具体和快捷。一个 ASP. net 的应用程序在一台服务器系统的安装只需要简单地拷贝一些必须的文件,不需要系统的重新启动。ASP. net 已经被刻意设计成为一种可以用于多处理器的开发工具,它在多处理器的环境下用特殊的无缝连接技术,将大大提高其运行速度。即使现在的 ASP. net 应用软件是为一个处理器开发的,将来多处理器运行时不需要任何改变都能提高它们的效能,但现在的 ASP 却做不到这一点。自定义性和可扩展性 ASP. net 设计时考虑了让网站开发人员可以在自己的代码中自己定义 "plug - in"的模块。这与原来的包含关系不同,ASP. net 可以加入自己定义的组件。网站程序的开发从来没有这么简单过,安全性基于 Windows 认证技术和每个应用程序的配置,可以确保原程序是绝对安全的。ASP. net 的语法在很大程度上与 ASP 兼容,同时它还提供一种新的编程模型和结构,可生成伸缩性和稳定性更好的应用程序,并提供更好的安全保护。可以通过在现有 ASP 应用程序中逐渐添加 ASP. net 功能,随时增强 ASP 应用程序的功能。ASP. net 是一个已编译的、基于 . NET 环境,把基于通用语言的程序在服务器上运行。将此程序在服务器端首次运行时进行编译,比 ASP 即时解释程序在速度上要快很多,而且是可以用任何与 . NET 兼容的语言(包括 Visual Basic. NET、C#和 JScript. NET)创作应用程序。另外,任何 ASP. net 应用程序都可以使用整个 . NET Framework。开发人员可以方便地获得这些技术的优点,其中包括托管的公共语言运行库环境、类型安全、继承等。ASP. net 可以无缝地与 WYSIWYG HTML 编辑器和其他编程工具(包括 Microsoft Visual Studio. NET)一起工作。这不仅使得 Web 开发更加方便,而且还能提供这些工具必须提供的所有优点,包括开发人员可以用来将服务器控件拖放到 Web 页的 GUI 和完全集成的调试支持。当创建 ASP. net 应用程序时,开发人员可以使用 Web 窗体或 XML Web services,或以他们认为合适的任何方式进行组合。每个功能都能得到同一结构的支持,使您能够使用身份验证方案,缓存经常使用的数据,或者对应用程序的配置进行自定义。如果你从来没有开发过网站程序,那么这不适合你,你应该至少掌握一些 HTML 语言和简单的 Web 开发术语(不过我相信如果有兴趣的话是可以很快的掌握的)。你不需要先前的 ASP 开发经验(当然有经验更好),但是你必须了解交互式 Web 程序开发的概念,包含窗体,脚本和数据接口的概念,如果你具备了这些条件的话,那么你就可以在 Asp. net 的世界开始展翅高飞了。

. NET 具有很多明显的优点,可以提高开发人员的效率,减少 bug,加快应用开发并简化使用。IT 人员对 . Net 保持了应有的警惕,因为它毕竟有一个比较艰难的学习过程。但是对于大多数组织而言,其优点远远多于缺点。有了 . NET 在一些 Windows 特定平台上能赢得更高的生产力。

(1)标准集成:XML、SOAP 及其他。

过去,微软的体系结构建立在 COM/DCOM 基础上,COM/DCOM 是进程间通信的二进制标准。虽然这个标准本身没有什么失误,但是它与微软以外的领域格格不入。也就是说,这个标准成了实现与其他软件平台互操作的瓶颈。除此之外,数据也是一个问题。虽然 ADO 简化了数据访问,但是把数据从一个地方传送到另外一个地方就成了问题。ADO Recordset 的(记录集)对象是一个存储了数据的二进制结构,而这种二进制格式对于非微软的平台没有任何意义。. NET 弥补了这些缺陷,因为它完全基于标准。比如,数据用 XML 的格式通过进程边界,而这个数据有一个到 XSD 的连接,所以任何客户端都可以正确地转化数据。

SOAP 基于 XML 可以用于与 WEB 服务的通信。集成 SOAP 以后,不管客户端运行的是不是微软的操作系统,都可以实现简单的可编程访问。

(2)简化应用。

COM 所面临的一个头痛的问题就是应用。COM 利用 Windows 注册表来定位机器上的组件,这个想法是不错的:每个注册的组件只有一个实例,所有的应用程序都使用相同的版本。COM 具有向后兼容性,也就是说新版本兼容老版本,但是开发人员可能会破坏这种兼容性。. NET 则采用了不同的方法,它根本就没有使用注册表。相反,微软的建议是每个应用程序使用自己局部的组件(在 . Net 称为"assembly")。利用这种方法,用于应用程序 Foo 的 Assembly X 如果发生变化,Assembly X 的 Application Bar 不会受到任何影响。这种方法听起来好像以前一台机器上同一个 DLL 的多个拷贝,的确是这样。不过你不会遇到应用程序查找 Windows\System32 目录的问题。由于.NET 不使用注册表,很多应用都可以用简单的拷贝命令来完成,通常没有必要开发安装程序。此外,应用程序不会锁定 assembly,所以升级 DLL 的时候不必关闭应用程序。

(3)Web 服务支持。

在流行的 Web 服务方面,微软发挥着重要的作用,而.NET 为开发 Web 服务带来了前所未有的便利。用 Notepad 就可以建立简单的 Web 服务,甚至不必利用编译器,只要对它们进行简单的调用即可,因为.NET 会对它们进行编译,甚至提供一个测试页供用户检验其功能。.NET 拥有所有必需的渠道,可以生成用户所需的所有文件,比如 WSDL 文件。.NET 也是一个聪明的 Web 服务使用者:只要设置了指向某个 Web 服务的索引,就可以把它当做本地的 assembly。你可以获得完整的 Intel 许可和功能实现帮助。Web 服务对于发送数据是非常重要的,感谢 ADO.net,Web 服务可以利用简单或者复杂的数据,并以 XML 格式把它们发送到任何客户端,最后设置一个链接,指回到一个描述数据模式的 XSD。

(4)用于所有.NET 语言的标准工具集。

最终,你会拥有一个适用于所有语言的集成工具集。你会拥有一个统一的 IDE、调试工具以及其他类似的工具。因此,其他公司可以把他们的语言嵌入 IDE 环境,并获得.NET 工具所有的支持。比如富士通开发了 netCOBOL.net,它已经直接集成到 IDE 中,因此可以用 COBOL 编写 Web 服务和 Windows 应用并获得微软提供的调试和 profiling(监管)工具。.NET 是个开放的架构,所以其他厂商也可以提供自己的工具。比如 Borland,该公司已经宣布其下一版 Delphi 将具有建立.NET 应用的功能,同时它也保证,Delphi 会拥有自己的 IDE,不会嵌入 Visual Studio.net。

(5)对移动设备的支持。

Visual Studio.net 发布不久,微软就推出了移动 Internet 工具包(Microsoft Mobile Internet Toolkit,MMIT),以便用.NET 构建移动应用。该工具包提供了可视化功能,你可以直观地拖动和下拉面向移动设备的窗体和控件。该工具包有利于正确书写标记语言(比如 WML、WAP 等)。.NET 简化架构(.NET Compact Framework)不久就会面市,它是.NET 架构的缩略版,设计用于 Pocket PC 设备。有了这个架构,开发人员就可以开发出丰富的 Pocket PC 计算机应用。你可以编写一个运行于小型设备上的应用,比如用于 Pocket PC 设备或者具有 Web 功能的手机。事实上,MMIT 包含了很多仿真程序,它们使用了真正为这类设备编写的 ROM 代码,所以在你的应用程序投入使用之前,可以首先测试其用于此类设备时的性能。

(6)代码管理。

.NET 管理用户的代码,从很多方面看,这一点都是很重要的,比如减少 bug 以及构建更多可扩展的应用。.NET 可以处理以下操作:内存分配和回收,进程及线程的创建和终止,以及运行代码的访问许可。VB 开发人员先前面临的问题——比如内存管理、线程和进程创建,现在都可以由.NET 来处理。而 C++程序员可以转向 C#,.NET 代替他们处理这些操作后,内存泄露和其他 bug 出现的可能性将大大减少。拥有了被管理的代码,你可以访问 . NET 所有跨语言的能力。

(7)平台独立。

虽然 . NET 是为微软的操作系统创建的,但是微软的确为 ECMA 标准委员会发布了一部分框架和 C#编译器。比如,Mono project 实现了 Linux 的 . NET,包括架构和 C#编译器。这意味着很多应用(特别是基于 Web 的应用)一次编写完成后就可以运行于多种平台上。

(8)充足的学习资源。

. NET 的学习曲线非常重要,可能 . NET 方面的书要比其他所有编程技术的书都多。此外,微软和第三方团体开设了很多课程,可以让开发人员很快就上手。最后,很多网站为开发人员学习 . NET 提供了技术指导。

(9)现代化语言。

VB. net 和 C#都是现代化的语言。它们完全是面向对象的,设计的时候消除了很多 VB 和 C + +的矛盾。这两种语言使用了多层式架构(n-tier),这是一种基于组件的方法。比如,C#取消了指针和其他一些结构,它们曾经给 C + +程序员(特别是新手)带来很多严重的问题。代码由 . NET 架构管理后,VB. net 和 C#都从中受益。这个架构还包括一些基础的对象,它们是开发多线程、支持 XML 等应用所必须的。

(10)跨语言标准基本类型。

VB 开发人员曾经面临一个致命的问题:VB 中的字符串与 C + + 中的字符串不同,所以调用 Windows API 函数的时候会出现一些问题。. NET 确定了所有类型的标准定义,所以 VB 中的字符串和 C#中的字符串相同,也和 netCOBOL. net 中的字符串相同。这意味着你再也不必担心语言 A 中的整型数据是 32 位,而语言 B 中只有 16 位。你可以确信不同语言的数据类型都相同,可以更好地进行跨语言集成。

6.3.3 AJAX 技术

6.3.3.1 AJAX 介绍

AJAX 在国内通常的读音为"阿贾克斯",Web 应用的交互如 Flickr,Backpack 和 Google 在这方面已经有质的飞跃。这个术语源自描述从基于网页的 Web 应用到基于数据的应用的转换。在基于数据的应用中,用户需求的数据如联系人列表,可以从独立于实际网页的服务端取得并且可以被动态地写入网页中,给缓慢的 Web 应用体验着色使之像桌面应用一样。虽然大部分开发人员在过去使用过 XML HTTP 或者使用 Iframe 来加载数据,但仅到现在我们才看到传统的开发人员和一些公司开始采用这些技术。就像新的编程语言或模型伴随着更多的痛苦,开发人员需要学习新的技巧及如何更好利用这些新技术(见图 6-6)。

该技术在 1998 年前后得到了应用。允许客户端脚本发送 HTTP 请求(XMLHTTP)的第一个组件由 Outlook Web Access 小组写成。该组件原属于微软 Exchange Server,并且迅速地成为了 Internet Explorer 4.0 的一部分。部分观察家认为,Outlook Web Access 是第一个应用了 AJAX 技术的成功的商业应用程序,并成为包括 Oddpost 的网络邮件产品在内的

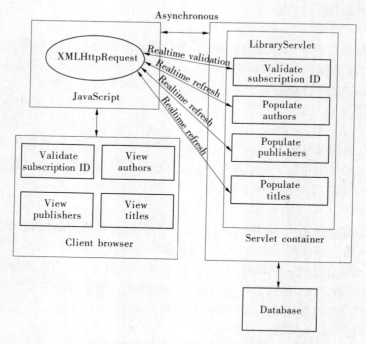

图 6-6　使用 AJAX 框架构建应用程序

许多产品的领头羊。但是,2005 年初,许多事件使得 AJAX 被大众所接受。Google 在它著名的交互应用程序中使用了异步通信,如 Google 讨论组、Google 地图、Google 搜索建议、Gmail 等。AJAX 这个词由《AJAX: A New Approach to Web Applications》一文所创,该文的迅速流传提高了人们使用该项技术的意识。另外,对 Mozilla/Gecko 的支持使得该技术走向了成熟,变得更为简单易用。

AJAX 前景非常乐观,可以提高系统性能,优化用户界面。AJAX 现有直接框架 Ajax-Pro,可以引入 AjaxPro. 2. dll 文件,可以直接使用前台页面 JS 调用后台页面的方法。但此框架与 FORM 验证有冲突。另外,微软也引入了 AJAX 组件,需要添加 Ajax Control Tool-kit. dll 文件,可以在控件列表中出现相关控件。

6.3.3.2　AJAX 模式

许多重要的技术和 AJAX 开发模式可以从现有的知识中获取。例如,一个发送请求到服务端的应用中,必须包含请求顺序、优先级、超时响应、错误处理及回调,其中许多元素已经在 Web 服务中包含了,就像现在的 SOA。AJAX 开发人员拥有一个完整的系统架构知识。同时,随着技术的成熟还会有许多地方需要改进,特别是 UI 部分的易用性。

AJAX 开发与传统的 CS 开发有很大的不同。这些不同引入了新的编程问题,最大的问题在于易用性。由于 AJAX 依赖浏览器的 JavaScript 和 XML,浏览器的兼容性和支持的标准也变得和 JavaScript 的运行时的性能一样重要了。这些问题中的大部分来源于浏览器、服务器和技术的组合,因此必须理解如何才能最好地使用这些技术。

综合各种变化的技术和强耦合的客户服务端环境,AJAX 提出了一种新的开发方式。

AJAX 开发人员必须理解传统的 MVC 架构,这限制了应用层次之间的边界。同时,开发人员还需要考虑 CS 环境的外部和使用 AJAX 技术来重定型 MVC 边界。最重要的是, AJAX 开发人员必须禁止以页面集合的方式来考虑 Web 应用而需要将其认为是单个页面。一旦 UI 设计与服务架构之间的范围被严格区分开来后,开发人员就需要更新和变化技术集合了。

6.3.3.3 AJAX 主要包含的技术

(1)基于 Web 标准(standards – based presentation)XHTML + CSS 的表示;

(2)使用 DOM(Document Object Model)进行动态显示及交互;

(3)使用 XML 和 XSLT 进行数据交换及相关操作;

(4)使用 XMLHttpRequest 进行异步数据查询、检索;

(5)使用 JavaScript 将所有的东西绑定在一起(英文可参见 AJAX 的提出者 Jesse James Garrett 的原文,原文题目为 AJAX:A New Approach to Web Applications)。

类似于 DHTML 或 LAMP,AJAX 不是指一种单一的技术,而是有机地利用了一系列相关的技术。事实上,一些基于 AJAX 的"派生/合成"式(derivative/composite)的技术正在出现,如"AFLAX"。

AJAX 的应用使用支持以上技术的 Web 浏览器作为运行平台。这些浏览器目前包括:Mozilla、Firefox、Internet Explorer、Opera、Konqueror 及 Safari。但是 Opera 不支持 XSL 格式对象,也不支持 XSLT。

1)JavaScript

如名字所示,AJAX 的概念中最重要而最易被忽视的是它,这也是一种 JavaScript 编程语言。JavaScript 是一种黏合剂,使 AJAX 应用的各部分集成在一起。在大部分时间, JavaScript 通常被服务端开发人员认为是一种企业级应用中不需要使用的东西,而应该尽力避免。这种观点来自以前编写 JavaScript 代码的经历:繁杂而又易出错的语言。类似的,它也被认为将应用逻辑任意地散布在服务端和客户端中,这使得问题很难被发现而且代码很难重用。在 AJAX 中,JavaScript 主要被用来传递用户界面上的数据到服务端,并返回结果。XMLHttpRequest 对象用来响应通过 HTTP 传递的数据,一旦数据返回到客户端就可以立刻使用 DOM,将数据放到网面上。

2)XMLHttpRequest

XMLHttpRequest 对象在大部分浏览器上已经实现而且拥有一个简单的接口,允许数据从客户端传递到服务端,但并不会打断用户当前的操作。使用 XMLHttpRequest 传送的数据可以是任何格式,虽然从名字上建议是 XML 格式的数据。

开发人员应该已经熟悉了许多其他 XML 相关的技术。XPath 可以访问 XML 文档中的数据,但理解 XML DOM 是必须的。类似的,XSLT 是最简单而快速的从 XML 数据生成 HTML 或 XML 的方式。许多开发人员已经熟悉 Xpath 和 XSLT,因此 AJAX 选择 XML 作为数据交换格式是有意义的。XSLT 可以被用在客户端和服务端,它能够减少大量的用 JavaScript 编写的应用逻辑。

3)CSS

为了正确的浏览 AJAX 应用,CSS 是一种 AJAX 开发人员所需要的重要武器。CSS 提供了从内容中分离应用样式和设计的机制。虽然 CSS 在 AJAX 应用中扮演至关重要的角色,但它也是构建跨浏览器应用的一大阻碍,因为不同的浏览器厂商支持各种不同的 CSS 级别。

4)服务器端

服务器端不像在客户端,在服务器端 AJAX 应用还是使用建立在如 Java,. NET 和 PHP 语言基础上的机制,却并没有改变这个领域中的主要方式。

既然如此,我们对 Ruby on Rails 框架的兴趣也就迅速增加了。在一年多前,Ruby on Rails 已经吸引了大量开发人员基于其强大功能来构建 Web 和 AJAX 应用。虽然目前还有很多快速应用开发工具存在,Ruby on Rails 看起来已经储备了简化构建 AJAX 应用的能力。

6.3.3.4　优点和缺点

1)优点——更迅捷的响应速度

传统的 Web 应用允许用户填写表单(form),当提交表单时就向 Web 服务器发送了一个请求。服务器接收并处理传来的表单,然后返回到一个新的网页。这个做法浪费了许多带宽,因为在前后两个页面中的大部分 HTML 代码往往是相同的。由于每次应用的交互都需要向服务器发送请求,应用的响应时间就依赖于服务器的响应时间。这导致了用户界面的响应比本地应用慢得多。

与此不同,AJAX 应用可以仅向服务器发送并取回必需的数据,它使用 SOAP 或其他一些基于 XML 的 Web Service 接口,并在客户端采用 JavaScript 处理来自服务器的响应。因此在服务器和浏览器之间交换的数据大量减少,结果我们就能看到响应更快的应用。同时很多的处理工作可以在发出请求的客户端机器上完成,所以 Web 服务器的处理时间也减少了。

使用 AJAX 的最大优点,就是能在不更新整个页面的前提下维护数据。这使得 Web 应用程序更为迅捷地回应用户动作,并避免了在网络上发送那些没有改变过的信息。

AJAX 不需要任何浏览器插件,但需要用户允许 JavaScript 在浏览器上执行。就像 DHTML 应用程序那样,AJAX 应用程序必须在众多不同的浏览器和平台上经过严格的测试。随着 AJAX 的成熟,一些简化 AJAX 使用方法的程序库也相继问世。同样,也出现了另一种辅助程序设计的技术,为那些不支持 JavaScript 的用户提供替代功能。

2)缺点及一些问题的解决方案

对应用 AJAX 最主要的批评就是,它可能破坏浏览器后退按钮的正常行为。在动态更新页面的情况下,用户无法回到前一个页面状态,这是因为浏览器仅能记下历史记录中的静态页面。一个被完整读入的页面与一个已经被动态修改过的页面之间的差别非常微妙;用户通常都希望单击后退按钮,就能够取消他们的前一次操作,但是在 AJAX 应用程序中,却无法这样做。不过开发者已想出了种种办法来解决这个问题,当中大多数都是在用户单击后退按钮访问历史记录时,通过建立或使用一个隐藏的 Iframe 来重现页面上的变更。(例如,当用户在 Google Maps 中单击后退时,它在一个隐藏的 Iframe 中进行搜索,然后将搜索结果反映到 AJAX 元素上,以便将应用程序状态恢复到当时的状态。)

一个相关的观点认为,使用动态页面更新,使得用户难于将某个特定的状态保存到收藏夹中。该问题的解决方案也已出现,大部分都使用 URL 片断标识符(通常被称为锚点,即 URL 中#后面的部分)来保持跟踪,允许用户回到指定的某个应用程序状态。(许多浏览器允许 JavaScript 动态更新锚点,这使得 AJAX 应用程序能够在更新显示内容的同时更新锚点。)这些解决方案也同时解决了许多关于不支持后退按钮的争论。

进行 AJAX 开发时,网络延迟,即用户发出请求到服务器发出响应之间的间隔,需要慎重考虑。不给予用户明确的回应,没有恰当的预读数据,或者对 XML Http Request 的不恰当处理,都会使用户感到延迟,这是用户不愿看到的,也是他们无法理解的。通常的解决方案是,使用一个可视化的组件来告诉用户系统正在进行后台操作并且正在读取数据和内容。

一些手持设备(如手机、PDA 等)现在还不能很好的支持 AJAX;用 JavaScript 做的 AJAX 引擎,JavaScript 的兼容性和 DeBug 都是让人头痛的事。

AJAX 的无刷新重载,由于页面的变化没有刷新重载那么明显,所以容易给用户带来困扰——用户不太清楚现在的数据是新的还是已经更新过的。现有的解决办法有:在相关位置提示、数据更新的区域设计得比较明显、数据更新后给用户提示等。

6.4　WebGIS 应用

WebGIS 利用 Web 技术扩展和完善地理信息和遥感。由于 HTTP 协议采用基于 C/S 的请求/应答机制,具有较强的用户交互能力,可以传输并在浏览器上显示多媒体数据,而 GIS 中的信息主要是需要以图形、图像方式表现的空间数据,用户通过交互操作,对空间数据进行查询分析。

WebGIS 的多层结构由展示层(PresentationTier)、逻辑事务层(BusinessLogicTier)和数据存储层(DataStorageTier)组成。展示层是指 Viewers。逻辑事务层由 WebServer、WebGIS 应用服务器和 WebGIS 应用服务器连接器及 WebGIS 空间服务器组成。

系统实现的数据管理操作主要包括:

(1)空间数据发布:由于能够以图形方式显示空间数据,较之于单纯的文件方式,WebGIS 使用户更容易找到需要的数据。例如:用户可以通过地图服务很快找到熟悉的工程的位置,从而查询其相关的信息,而不需要通过检索数据库来得到工程信息。

(2)空间查询检索:利用浏览器提供的交互能力,进行图形及属性数据库的查询检索。

(3)Web 资源的组织:在黄委内网上,存在着大量的信息,这些信息多数具有空间分布特征,利用地图对这些信息进行组织和管理,并为用户提供基于空间的检索服务。

6.4.1　WebGIS 体系结构

根据 WebGIS 服务器和客户端的关系以及数据传送的形式,可以将 WebGIS 的结构模式分为三种:服务器模式、客户端模式和客户端/服务器模式。

6.4.1.1　服务器模式

服务器模式是指用户在客户端提交数据和空间分析请求时,由服务器来完成用户提交的任务,再把结果返回给客户端,在客户端浏览器上显示处理结果。这是一种典型的问答方式。其数据传递形式一般为栅格图像。

这种模式的优点是可以充分发挥高性能服务器的作用,完成客户端不易完成的任务。但同时也存在一些缺点:

(1)受网络性能的影响大;

(2)当大量用户同时访问服务器时,容易造成网络"瓶颈",服务器性能降低,增加用户的等待时间;

(3)任何请求都必须通过网络传输,加重了网络的传输负担;

(4)客户端只起到请求和显示查询结果的作用,无法充分发挥各客户机的作用;

(5)传递给客户端的是图像数据,用户不能直接对其进行分析,并且在打印输出等应用时,图形不够精美。

6.4.1.2　客户端模式

客户端模式是指用户在访问系统时将应用程序和所有数据都下载到本地内存,在客户端完成所有的或者大部分的数据显示、查询和分析等任务。在此模式下,一般采用矢量格式的数据作为传递方式,以便能在客户端实现空间分析功能。

这种模式的主要优点是:

(1)数据下载到本地机处理,执行效率高,拥有更多的数据处理自主权;

(2)能够充分发挥客户端高性能计算机的作用;

(3)减少了网络传输量。

这种模式的主要缺点是:

(1)必须一次性下载包括应用程序和图形数据等在内的大量数据,对网络性能有较高的要求;

(2)每次启动都必须下载应用程序和图形数据等,一般启动速度较慢,有时会因为等待时间较长而使初次浏览者失去兴趣;

(3)没有充分开发服务器资源;

(4)过分依赖客户端计算机,如果其性能较差,将会使数据分析等复杂功能难以实现;

(5)用户可能会因为未受过 GIS 专业培训而无法完成某些复杂的分析功能;

(6)不能有效保证数据的保密性;

(7)需要额外下载或安装支持 GIS 图形数据的插件。

6.4.1.3　客户端/服务器模式

客户端/服务器模式是指将上面两种模式组合到一起,两者兼顾的结构模式。当数据量较小但需要频繁处理时,往往采用客户端模式,即将这类数据传递到客户端进行处理;而当数据量较大但又不需要频繁处理时,往往采用服务器模式,即在服务器端完成这类数据的处理,然后将处理后的结果发送给客户端。当然,对于那些客户端根本无法完成的操作来说,无疑要靠服务器模式来实现,如与后台数据库的交互,复杂的空间分析和专题统计等。这种混合组织模式既避免了服务器资源的浪费,又能充分发挥客户端的作用,还不容易造成网络"瓶颈",因此在 WebGIS 中广为使用。其工作流程如图6-7 所示。

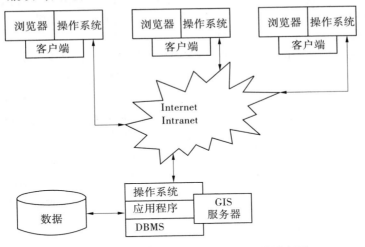

图 6-7　WebGIS 客户端/服务器模式工作流程图

6.4.2　WebGIS 工作介绍

基于 Internet 的地理信息系统,我们常称为 WebGIS,这主要是由于大多数的客户端应用采用了 WWW 协议。随着技术的进步,客户端可能会采用新的应用协议,因此也被认为是 Internet GIS。

(1)WebGIS 是 Web 技术和 GIS 技术相结合的产物,是利用 Web 技术来扩展和完善地理信息系统的一项新技术。

(2)由于 HTTP 协议采用基于 C/S 的请求/应答机制,具有较强的用户交互能力,可以传输并在浏览器上显示多媒体数据,而 GIS 中的信息主要是需要以图形、图像方式表现的空间数据,用户通过交互操作,对空间数据进行查询分析。这些特点,使得人们完全可以利用 Web 来寻找他们所需要的空间数据,并且进行各种操作。

WebGIS 是 Internet 和 WWW 技术应用于 GIS 开发的产物,是实现 GIS 互操作的一条最佳解决途径。从 Internet 的任意节点,用户都可以浏览 WebGIS 站点中的空间数据、制作专题图、进行各种空间信息检索和空间分析。

因此,WebGIS 不但具有大部分乃至全部传统 GIS 软件具有的功能,而且还具有利用 Internet 优势的特有功能,即用户不必在自己的本地计算机上安装 GIS 软件就可以在 Internet 上访问远程的 GIS 数据和应用程序,进行 GIS 分析,在 Internet 上提供交互的地图和数据。

WebGIS 的关键特征是面向对象、分布式和互操作。任何 GIS 数据和功能都是一个对象,这些对象部署在 Internet 的不同服务器上,当需要时进行装配和集成。Internet 上的任何其他系统都能和这些对象进行交换和交互操作。

6.4.2.1　WebGIS 的基本特征

WebGIS 是集成的全球化的客户/服务器网络系统。

WebGIS 应用客户/服务器概念来执行 GIS 的分析任务。它把任务分为服务器端和客户端两部分,客户可以从服务器请求数据、分析工具或模块,服务器或者执行客户的请求并把结果通过网络送回给客户,或者把数据和分析工具发送给客户供客户端使用。

（1）WebGIS 是交互系统。

WebGIS 可使用户在 Internet 上操作 GIS 地图和数据,用 Web 浏览器（IE、Netscape,etc.）执行部分基本的 GIS 功能:如 Zoom（缩放）、Pan（拖动）、Query（查询）和 Label（标注）,甚至可以执行空间查询:如"离你最近的旅馆或饭店在哪儿",或者更先进的空间分析:比如缓冲分析和网络分析等。在 Web 上使用 WebGIS 就和在本地计算机上使用桌面 GIS 软件一样。

通过超链接（Hyperlink）,WWW 提供在 Internet 上最自然的交互性。通常用户通过超链接所浏览的 Web 页面是由 WWW 开发者组织的静态图形和文本,这些图形大部分是 FPEG 和 GIF 格式的文件,因此用户无法操作地图,甚至连像 Zoom、Pan、Query 这样简单的分析功能都无法执行。

（2）WebGIS 是分布式系统。

GIS 数据和分析工具是独立的组件和模块,WebGIS 利用 Internet 的这种分布式系统把 GIS 数据和分析工具部署在网络不同的计算机上,用户可以从网络的任何地方访问这些数据和应用程序,即不需要在本地计算机上安装 GIS 数据和应用程序,只要把请求发送到服务器,服务器就会把数据和分析工具模块传送给用户,达到 Just – in – time 的性能。

Internet 的一个特点就是它可以访问分布式数据库和执行分布式处理,即信息和应用可以部署在跨越整个 Internet 的不同计算机上。

（3）WebGIS 是动态系统。

由于 WebGIS 是分布式系统,数据库和应用程序部署在网络的不同计算机上,随时可被管理员更新,对于 Internet 上的每个用户来说都将得到最新可用的数据和应用,即只要数据源发生变化,WebGIS 就将得到更新,数据源的动态链接将保持数据和软件的现势性。

（4）WebGIS 是跨平台系统。

WebGIS 对任何计算机和操作系统都没有限制。只要能访问 Internet,用户就可以访问和使用 WebGIS 而不必关心用户运行的操作系统是什么。随着 Java 的发展,未来的 WebGIS 可以做到"一次编写,到处运行",使 WebGIS 的跨平台特性走向更高层次。

（5）WebGIS 能访问 Internet 异构环境下的多种 GIS 数据和功能。

此特性是未来 WebGIS 的发展方向。异构环境下在 GIS 用户组间访问和共享 GIS 数据、功能和应用程序,需要很高的互操作性。OGC 提出的开放式地理数据互操作规范（Open Geodata Interoperablity Specificaton）为 GIS 互操作性提出了基本的规则。其中有很多问题需要解决,例如数据格式的标准、数据交换和访问的标准、OIS 分析组件的标准规范等。随着 Internet 技术和标准的飞速发展,完全互操作的 WebGIS 将会成为现实。

（6）WebGIS 是图形化的超媒体信息系统。

使用 Web 上超媒体系统技术,WebGIS 通过超媒体热链接可以链接不同的地图页面。例如,用户可以在浏览全国地图时,通过单击地图上的热链接,而进入相应的省地图进行浏览。

另外,WWW 为 WebGIS 提供了集成多媒体信息的能力,把视频、音频、地图、文本等集中到相同的 Web 页面,极大地丰富了 GIS 的内容和表现能力。

6.4.2.2　WebGIS 的基本要求

WebGIS 应当是开放的:WebGIS 能够共享多种来源、多级尺度(比例尺)、存放在不同地点的地理数据,能够和其他应用软件集成,并通过 Java、CORBA、DCOM 等技术跨平台协作运行,支持 C/S 模式等。

WebGIS 能在 Internet 环境下运行:WebGIS 使用 Internet 协议标准,将 GIS 与 Web 服务器集成,通过普通浏览器,用户可以在任何地方操纵 WebGIS,共享地理空间信息服务,从而将 GIS 扩展成为公众服务系统。

WebGIS 必须支持数据分布和计算分布。WebGIS 服务器为网络用户提供 GIS 服务:地理数据存取服务、地理数据目录服务、地理信息分析服务和地图显示服务。通过互操作技术,共享分布的数据对象,在多个不同的平台上协同运行,最大限度地利用网络资源。

WebGIS 能在网络上直接查询和存取数据:建立地理时空数据结构标准和操作标准,直接在 Internet 上查询数据和存取数据。

6.4.2.3　WebGIS 的基础技术

(1)空间数据库管理技术。对象—关系数据库技术和面向对象的数据库技术正在逐步成熟起来,成为未来 GIS 空间数据管理的主要技术。因为关系型数据库管理系统已经相当成熟,商业化的 RDBMS 不仅支持 C/S 模式,而且支持数据分布,通过 SQL 语言和 ODBC,几乎所有的 GIS 软件通过公共标识号都能和其协同运行。

(2)面向对象方法。从面向对象技术的发展来看,它是描述地理问题非常理想的方法。面向对象是一种认识方法。面向对象分析(OOA)、面向对象设计(OOD)、面向对象语言(OOL)和面向对象数据管理(OODBM)贯穿整个信息系统的生命周期。面向对象的空间数据库技术正在逐步成熟,空间对象查询语言(SOQL)、空间对象关系分析、面向对象数据库管理、对象化软件技术等,都和 GIS 密切相关。

(3)客户/服务器模式。客户/服务器的含义非常广泛,数据库技术和分布处理技术都和它密切相关。通过平衡客户/服务器间的数据通信和地理运算,能够利用服务器的高性能处理复杂的关键性业务,并降低网络数据流量:通过规划客户/服务器模式的 GIS 系统,用户能够最大限度地利用网络上的各种资源。

(4)组件技术。为避免系统重复编码,浪费软件资源,参照制造业成功经验,使用插件(Plug – In)、组件(Activex)和中间件(Middleware)技术组装软件产品,如各软件生产商制作自己最好的组件,其他软件开发人员和系统集成人员,可直接使用该部件提供的功能,无须重新编码,从而扩大了软件开发社会分工,提高了软件生产效率。

(5)分布式计算机平台。即 Distributed Computing Platform 技术,目前有 OMG 的 CORBA/Java 标准和微软的 DCOM/ActiveX 标准。

另外与 WebGIS 相关的技术还包括:多媒体数据操作标准 ISO SQL/MM、地理数据目录服务技术(Geodata Catalog Service)、数据仓库技术、地理信息高速公路设施等。

6.4.3　WebGIS 平台介绍

WebGIS 是指基于 Internet 平台进行信息发布、数据共享、交流协作。客户端应用软件采用 WWW 协议,实现 GIS 信息的在线查询和业务处理等功能。运行于因特网上的地理信息系统,是利用 Internet 技术来扩展和完善 GIS 的一项新技术,其核心是在 GIS 中嵌入 HTTP 和 TCP/IP 标准的应用体系,实现 Internet 环境下的空间信息管理。WebGIS 有多主机、多数据库与多终端,通过 Internet、Intranet 连接组成,具有客户、服务器(C/S)结构,服务器端向客户端提供信息和服务,客户端具有获得各种空间信息和应用的功能。

WebGIS 是 Internet 技术应用于 GIS 开发的产物。GIS 通过 WWW 功能得以扩展,真正成为一种大众使用的工具。从 WWW 的任意一个节点,Internet 用户可以浏览 WebGIS 站点中的空间数据、制作专题图,以及进行各种空间检索和空间分析,从而使 GIS 进入千家万户。

6.4.3.1　WebGIS 平台的特点

(1)全球化的客户/服务器应用。全球范围内任意一个 WWW 节点的 Internet 用户都可以访问 WebGIS 服务器提供的各种 GIS 服务,甚至还可以进行全球范围内的 GIS 数据更新。

(2)真正大众化的 GIS。由于 Internet 的爆炸性发展,Web 服务正在进入千家万户,WebGIS 给更多用户提供了使用 GIS 的机会。现在流行的 WebGIS 平台有:ARCIMS;TopMap World;MapXtreme 等国内外的成熟产品。WebGIS 可以使用通用浏览器进行浏览、查询,额外的插件(plug－in)、ActiveX 控件和 Java Applet 通常都是免费的,降低了终端用户的经济和技术负担,很大程度上扩大了 GIS 的潜在用户范围。而以往的 GIS 由于成本高和技术难度大,往往成为少数专家拥有的专业工具,很难推广。

(3)良好的可扩展性。WebGIS 很容易跟 Web 中的其他信息服务进行无缝集成,可以建立灵活多变的 GIS 应用。

(4)跨平台特性。在 WebGIS 以前,尽管一些厂商为不同的操作系统(如:Windows、UNIX、Macintosh)分别提供了相应的 GIS 软件版本,但是没有一个 GIS 软件真正具有跨平台的特性。而基于 Java 的 WebGIS 可以做到“一次编成,到处运行(Write Once,Run Anywhere)”,把跨平台的特点发挥得淋漓尽致。

据目前的 WebGIS 架构来分析,主要分两种:

①图片式的 WebGIS 也叫做栅格地图,也可以实现矢量地图,目前主要通过 XML 控制图片金字塔实现 WebGIS 功能。

②基于控件的矢量地图(ActiveX,Java Applet)。

基于控件的地图会受到诸多限制。自 Google Map 发布以来,图片式的地图越来越盛行。

综合来看,目前 WebGIS 具备以下这样一些基本特点:

(1)建立首次远程访问的传输协议采用 HTTP,建立联系以后也可用其他协议传输信息。

(2)远程地理信息的首次访问或服务启动,需要利用 WWW 服务器上的 HTML 文档。

（3）用户端一般使用能解释 HTML 的通用浏览器。

（4）远程服务器端提供地理信息服务时，把 WWW 服务器作为信息进出的重要关口。

（5）WWW 使用的通用标记语言在浏览器与服务器之间的 GIS 信息通信中占有重要地位，即使使用其他数据格式或者将来 HTML 被其他标记语言所取代，大概这一点也不会改变。

6.4.3.2　关键技术

WebGIS 的发展与 GIS 技术、信息技术和通信技术的发展密不可分。许多 Internet 组网技术可直接移植于 WebGIS 系统。但 WebGIS 自身还有一些关键技术必须解决，如高质量数据压缩技术、宽带和高码率 WAP 技术、组件式 GIS 设计等。随着宽带网的加速普及和 WAP 技术的快速发展，WebGIS 的应用领域将不断拓宽。

1）空间数据的压缩与解压缩

GIS 中海量的空间数据会产生数据传输和存储问题，即使是宽带高速网，也不能使影像在万维网上以各种比例尺任意漫游，因此空间数据的压缩就显得尤为重要。此外，空间数据的管理和使用，如影像数据库的建立（影像无缝漫游）、网上数据分发、数据通信传播等都要求对空间数据进行压缩和解压缩。目前，由于小波理论能有效地应用于空间数据的压缩和解压缩，从而成为地理信息数据压缩领域的研究热点。

2）基于 WAP 技术的 Web 浏览

由于无线互联网属于窄带网，网络环境并不十分稳定，但本身技术含量又特别高，因此，如何解决客户端的负荷是一个关键问题。最好的解决办法就是强化服务器端，同时研究具有可兼容、扩展和交互的、满足客户端要求的 Web 浏览技术。

3）分布式 WebGIS 数据库管理

目前 WebGIS 数据访问技术有 CGI、Web 服务器专用 API、JDBC、ObjectWeb 4 种方法。Object Web 是最新一代的动态网页技术，主要是 Java/CORBA 和 Active X/DCOM 2 种互相竞争的技术。Object Web 通过分布式对象技术，允许客户机直接调用服务器，开销小，避免了 CGI 形成的"瓶颈"。2 种方式都是独立于语言的，而且是组件式的。但 Active X/DCOM 目前只能运行在 Win 95/NT 上，而 Java/CORBA 具有跨平台的特性，具有十分突出的特点。

6.4.3.3　功能

1）地理信息的空间分布式获取

WebGIS 可以在全球范围内通过各种手段获取各种地理信息。将已存在的图形数据语言通过数字化转化为 WebGIS 的基础数据，使数据的共享和传输更加方便。

2）地理信息的空间查询、检索和联机处理

利用浏览器的交互能力，WebGIS 可以实现图形及属性数据的查询检索，并通过与浏览器的交互，使不同地区的客户端来操作这些数据。

3）空间模型的分析服务

在高性能的服务器端提供各种应用模型的分析与方法，通过接收用户提供的模型参数，进行快速地计算与分析，及时将计算结果以图形或文字等方式返回至浏览器端。

4)互联网上资源的共享

互联网上大量的信息资源多数都具有空间分布的特征,利用 WebGIS 对这些信息进行组织管理,为用户提供基于空间分布的多种信息服务,提高资源的利用率和共享程度。

6.4.3.4 技术方法

目前,已有若干不同的技术方法被用于研制万维网地理信息系统。分别是公共网端接口方法(Common Gateway Interface – CGI)、服务器应用程序接口方法(Server API)、插入法(Plug – in)、Java 互联网编程语言、ActiveX 技术方法。目前构建 WebGIS 的主要平台软件有 MapGIS、ArcGIS 等。

6.5 黄河流域三维地貌基础服务平台的应用

6.5.1 黄河流域三维地貌基础服务平台架构

黄河流域三维地貌平台采用多种遥感影像数据源,基于 Skyline 系列软件系统,构建黄河全流域近 80 万 km^2 的三维地貌,研发符合 SOA 服务架构标准的 B/S 系统,完成全流域三维地貌的 Web 发布,并实现与二维 RS/GIS 服务的无缝集成,构建二、三维一体化基础服务平台。

工程维护管理系统实现基于黄河流域三维地貌平台的信息查询、分析、统计等功能,给用户更为先进、实用的信息查询方式,带给系统使用者更为真实的体验。

黄河流域三维地貌平台技术架构基于 Skyline 软件系统构建,如图 6-8 所示。首先利用 Skyline 系列软件中的 TerraBuilder 把影像和高程数据融合成一个高精度、带有地理坐标信息的地形数据文件即 ∗. MPT 文件,地形数据文件通过 TerraGate,以符合 SOA 标准的服务方式进行网络发布;TerraExplorer Pro 把地形数据和矢量等二维扩展数据进行融合,经过打包压缩处理后,生成用以发布的最终文件,即 ∗. FLY 文件;∗. FLY 数据文件通过服务方式通过网络发布,由 Web 页面中三维浏览插件接收,结合 JavaScript、ASP. net 等语言开发的 Web 应用程序,完成应用业务功能,并最终提供给用户使用。

黄河流域三维地貌平台的研发建设,将遵循以下工作流程,如图 6-9 所示。

6.5.2 Skyline 软件系统

Skyline 软件系列平台为数据生产、编辑、互联网发布提供了成熟的商业解决方案,给用户提供了一站式服务,并开放了所有的 API,不论是在网络环境还是单机应用中,都能够让用户根据自己的需求定制功能,建立个性化的三维地理信息系统,通过三维交互的方式来展示大量的空间地理数据,并在此基础上整合自身的业务平台,Skyline 服务架构图见图 6-10。

使用 Skyline 系列交互应用程序,用户可以创建自定义的虚拟三维可视化场景,并进行浏览、查询和分析。三维可视场景由航空和卫星影像、地形高程数据和其他的二维及三维信息层融合而成。Skyline 具有独特的功能,不需要数据预处理,能够快速融合不同的、分布式的实时传输的源数据,快速创建实时的三维交互式环境。

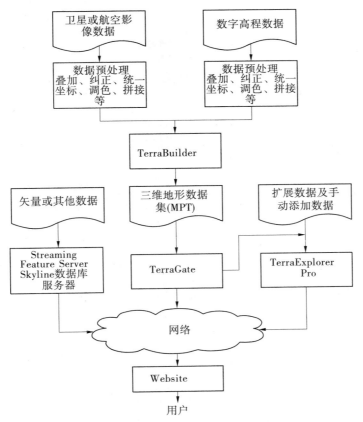

图 6-8 黄河流域三维地貌平台技术架构图

Skyline 系列产品能够满足用户的特殊需求,进行用户化定制,根据不同类型用户的需求,创建不同的界面。Skyline 能够满足公众或限制访问的安全网络的受权用户的特殊需求,无论在单机和网络环境下都可以进行用户定制。

Skyline 软件组成结构图见图 6-11。

6.5.2.1 TerraExplorer

TerraExplorer(TerraExplorer Viewer)是一款 Skylinesoft 出品的浏览器,用来查看由 TerraBuilder 创建的三维地形数据集场景. mpt 或. tbp 文件。TerraExplorer Pro 是 TerraExplorer 的专业版,它包含 TerraExplorer 中所有的实时三维地形可视化功能,同时还能够在三维场景上创建和编辑二维文本、图片对象和三维模型对象,从标准 GIS 文件和空间数据库中读取各种地形叠加所需要的信息,如文本、标注、图素、二维和三维实体,甚至动画。创建交互式应用系统,并且能将整合之后的三维虚拟数字地球场景发布到局域网或互联网上,使用户在任何地方都可以实现轻松快捷的三维交互式体验,以场景的独特视角展现地貌特征、视域、地物间关系等。

6.5.2.2 TerraBuilder

TerraBuilder 能够创建如同真实照片般的地理精准的三维地球模型。它可以对数据以其本身格式的方式进行融合来创建基于三维的地形模型,并提供给 TerraExplorer Pro 进

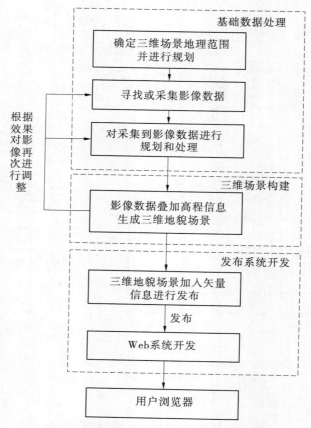

图 6-9 黄河流域三维地貌平台工作流程

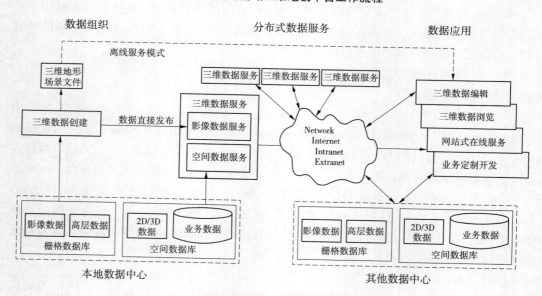

图 6-10 Skyline 服务架构图

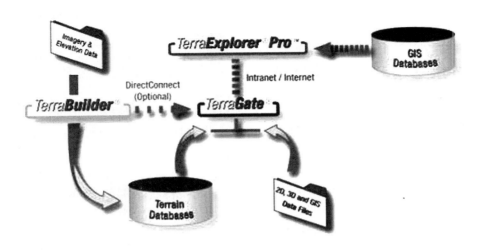

图 6-11　Skyline 软件组成结构图

行数据层和其他内容的叠加。

TerraBuilder 通过叠加航片、卫星影像、数字高程模型以及各种矢量地理数据,迅速方便地创建海量三维地形数据库。TerraBuilder 支持多种数据格式,能够将不同分辨率、不同大小的数据进行融合、投影变换,构成一个公共的参考投影。软件有强大的编辑工具,如颜色调整、区域选择和裁切等。

TerraBuilder 能够生成真实详细的任意大小的场景。当创建完成后,可以在上面继续添加二维和三维动态或静态对象,然后通过网络进行流传输或打包传送给未联机终端用户。

6.5.2.3　TerraGate

TerraGate 工具用来处理 Skyline 三维技术的客户端数据的传输请求。TerraGate 能够将地形数据集以流方式传输给远程 TerraExplorer 用户,HTML 客户能够创建三维截图、组织协作会议,增强网站整合能力。

TerraGate 地形流传输服务器能够同时向数以千计的客户传送三维地形数据集。TerraGate server 传送,由 TerraBuilder 创建的地形数据集(MPT 文件)或通过 DirectConnect 扩展模块传输,由原始格式的影像和高程数据实时形成的三维化地形数据集。协同 TerraBuilder、TerraDeveloper 和 TerraExplorer Pro,TerraGate 轻松实现了数字地球,形成了基于网络的地理参考的应用程序。

6.5.3　黄河流域三维地貌基础服务平台工作流程

黄河流域三维地貌基础服务平台工作流程主要包括三个阶段。

6.5.3.1　基础数据处理

根据所要构建三维地貌的地理位置,确定覆盖所需的影像数据、高程数据、矢量数据等数据源地理范围,并对所需数据源进行层次规划;按照规划好的指定数据源进行相关数据的采集、下载等准备工作;数据准备完毕后,将根据需要进行影像数据的纠正、空间坐标系转换、拼接、增强、融合等处理,对高程数据进行拼接、裁剪、修正、坐标系转换等处理。

1)基础数据规划及处理

由于 Skyline Terrasuite 系列软件系统已经内建了一个地球模型,但由于图像分辨率非常低,而且信息也不够丰富,所以需要重新采集制作全流域基础影像底图、DEM 数字高程数据和基础地理信息数据,来满足系统建设需要。

基础数据在设计时主要以方便应用为目的进行规划,宁蒙河段和下游河段是应用的重点区域,数据更新也比较多,故在数据裁剪和分类时重点处理,单独建立处理目录和基础数据,方便后续工作中应用数据的添加与更改。

(1)全流域基础影像底图。

全流域基础影像底图主要宏观反映流域内地质地貌特征、植被情况和河道形态,故采用 30 m 分辨的美国 Landsat 卫星的免费公开的历史 TM 影像作为全流域基础影像底图。TM 历史数据采集时间主要集中在 1999 ~ 2004 年间,并尽量选择比较新的影像数据。

在数据处理部分,由于采用的原始 TM 数据都是经过校正的数据,故只需对数据进行重投影,并进行波段合成。在保证 TM 影像质量的情况下,去掉其他无关的数据,尽量减少影像数据量。

在制作完单幅 TM 影像数据后,按照 4 景或 2 景数据进行拼接匀色处理,基础影像数据底图效果见图 6-12。按照系统建设设计,共采用流域内 TM 影像 66 副,数据量为 20 G。

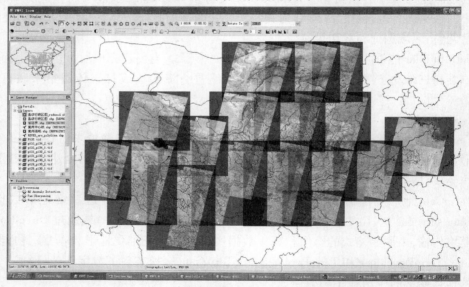

图 6-12　全流域基础影像底图效果预览

(2)DEM 数字高程数据。

DEM 数字高程数据主要为配合全流域基础影像底图,主要采用 NASA 免费公开的采样精度为 30 m 的 ASTER G – DEM 数字高程数据。按照流域及项目设计进行拼接裁剪等处理,对宁蒙河段和下游河段部分数字高程数据进行了单独裁剪和处理(见图 6-13)。流域 DEM 数字高程数据量为 10 G 左右。

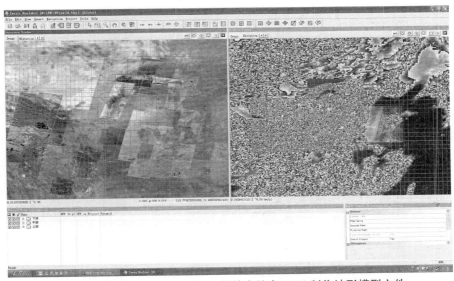

图 6-13 在 Skyline TerraBuilder 软件中结合 DEM 制作地形模型文件

（3）基础地理信息数据。

黄河流域三维地貌平台的基础地理信息数据主要提供了流域边界、行政区边界、主河道矢量信息、支流矢量信息和流域内大中城市地理信息。

2）应用数据处理

随着黄河流域三维地貌平台建设的不断推进，一部分最新的不同种类的数据也需要添加进平台里。根据不同业务需要先后在宁蒙河段处理添加了 SPOT 数据和国产高分辨率全色遥感数据（见图 6-14），在花园口河段添加了航飞高分辨率遥感数据（见图 6-15），在河口地区添加了 SPOT 数据。

图 6-14 宁蒙河段添加的数据

图 6-15　花园口河段添加的航飞高分辨率数据

通过这些业务应用数据的添加极大地丰富了黄河流域三维地貌平台的数据内容,也摸索出一套针对业务应用的数据处理流程(见图 6-16)。

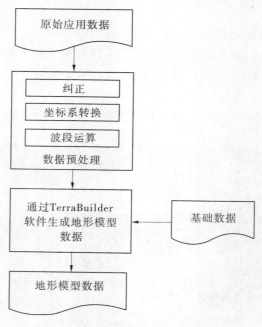

图 6-16　应用数据处理流程图

6.5.3.2　三维场景构建

使用处理好的影像数据和高程数据进行叠加,建立影像金字塔,并对场景数据进行压缩,构建生成流域三维地貌的雏形,经过对三维地貌的浏览,比对数据的正确性和地貌效果,如果数据有差错或是生成的三维地貌效果不够理想,将根据需要对基础影像数据和DEM高程数据进行调整,并再次构建生成三维地貌,直至效果满意。

6.5.3.3 发布系统开发

进行基于SOA服务架构的B/S系统平台开发,完成全流域三维地貌的Web发布,并通过与二维RS/GIS服务的无缝集成,实现二维矢量数据与三维地貌的叠合发布。

6.6 防洪工程建筑物三维激光扫描成像及建模

随着激光技术的快速发展,越来越多各种型号的三维激光扫描仪以其高频率、高精度、高时效、易操作的特征,被广泛应用到各个行业中。水利行业主要用来进行滑坡监测、变形监测、库容、隧洞、隧道工程的裂隙和变形等。为解决传统建模获取数据效率低,数据不够精确与详细的问题,探索在黄河防洪工程维护管理系统开发建设中引进三维激光扫描技术,将从根本上改进防洪工程建筑物传统的建模开发方式,大幅度提高系统开发效率和精度。

6.6.1 三维激光扫描成像系统介绍

三维激光扫描仪作为现今时效性最强的三维数据获取工具可以划分为不同的类型。通常情况下按照三维激光扫描仪的有效扫描距离进行分类,可分为:

(1)短距离激光扫描仪:其最长扫描距离不超过3 m,一般最佳扫描距离为0.6~1.2 m,通常这类扫描仪适合用于小型模具的量测,不仅扫描速度快且精度较高,可以多达三十万个点精度至±0.018 mm。

(2)中距离激光扫描仪:最长扫描距离小于30 m的三维激光扫描仪属于中距离三维激光扫描仪,其多用于大型模具或室内空间的测量。

(3)长距离激光扫描仪:扫描距离大于30 m的三维激光扫描仪属于长距离三维激光扫描仪,其主要应用于建筑物、煤矿、大坝、大型土木工程等的测量。

(4)航空激光扫描仪:最长扫描距离通常大于1 km,并且需要配备精确的导航定位系统,其可用于大范围地形的扫描测量。

之所以这样进行分类,是因为激光测量的有效距离是三维激光扫描仪应用范围的重要条件,特别是针对大型地物或场景的观测,或是无法接近的地物等等,这些都必须考虑到扫描仪的实际测量距离。此外,被测物距离越远,地物观测的精度就相对较差。因此,要保证扫描数据的精度,就必须在相应类型扫描仪所规定的标准范围内使用。

无论扫描仪的类型如何,其根本原理都是相同的,只是在数据生产的质量如分辨率、精度、扫描速度等方面有所不同。本研究采用的RIEGL VZ-400,是一款高精度、快速扫描的三维激光扫描成像系统,其工作原理见图6-17。

该系统是由高精度及快速扫描的三维激光扫描器、经校准的位于初始方位的高端数码单反专业相机、系统操作及处理软件RiSCAN PRO所组成。该系统也可以选配GPS天线和接收器。RIEGL VZ-400三维成像系统的高质量制作水准和密封等级使得它能够在极其恶劣的环境条件下完成高难度的测量任务和进行多个目标发射体回波的分析。

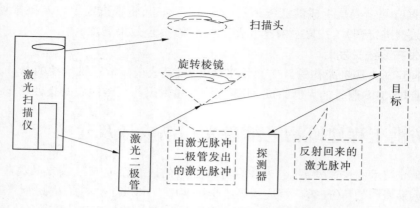

扫描头

旋转棱镜

激光扫描仪

激光二极管

由激光脉冲二极管发出的激光脉冲

探测器

反射回来的激光脉冲

目标

图 6-17 三维激光扫描仪工作原理

三维激光扫描仪的构造主要包括:一台高速精确的激光测距仪(主机由脉冲激光器、光传输部分和光信号接收器(通常为光电倍增管)、微电脑、时间计数器等组成)、一组可以引导激光并以均匀角速度扫描的反射棱镜,部分仪器具有内置的数码相机,可以直接获得目标物的影像。由激光脉冲二极管发射的激光脉冲,经过旋转棱镜,射向目标,然后通过探测器,接收并记录反射回来的激光脉冲来捕获数据,通过传动装置的扫描运动,完成对物体的全方位扫描,然后对采集回来的数据进行整理,通过一系列处理获取目标表面的点云数据。

6.6.2 三维激光扫描成像和建模流程

在防洪工程维护管理系统建设中,选用了 RIEGL VZ - 400 型三维激光扫描成像系统,它使用极其纤细的近红外线激光束,采用非接触式快速获取数据的脉冲扫描机制原理,每秒发射高达 300 000 点的纤细激光束,提供高达 0.000 5° 的角分辨率的数据。其高精度的激光测距是基于 RIEGL 独一无二的全波形回波技术(waveform digitization)、实时全波形数字化处理和分析技术(on - line waveformanalysis)。与传统的一次回波仅能反映一个反射目标物体的技术相比,它可以探测到多重乃至无穷多重目标的、极其详尽的细节信息。仪器相关技术参数如下。

(1)主机。

扫描距离:500 m;

扫描精度:2 mm(100 m 距离处,一次单点扫描);

激光发射频率:300 000 点/s;

扫描视场范围:100°×360°(垂直×水平);

连接:LAN/WLAN 数据接口,支持无线数据传输;

对人和动物眼睛安全的激光器:Laser Class1;

操作控制:台式机,PDA 或笔记本电脑;

设备存储容量:8 GB(机身自带),可扩展。

(2)数码相机。

顶部外置专业单反数码相机,定位由三个支撑点确定,提供目标高质量彩色影像数据；

Canon EOS 450D：12.2 M 像素（4 272×2 848 pixel）；

接口：USB 接口。

仪器数据采集及处理流程如下（见图6-18）。

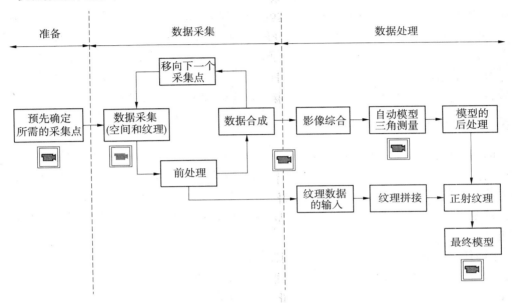

图 6-18　数据采集及处理流程

（1）准备阶段。

踏勘实验场地与布设控制点，根据现场情况估计扫描测站应设的站数和位置，尽量保证扫描区域有公共部分，减少其他物体的遮挡，并且应保证扫描距离在扫描仪的有效测程范围内。

（2）数据采集。

使用三维激光扫描仪器（同步配准数码相机）对实际的物体表面进行激光扫描，得到物体表面的三维几何数据，即大量的点云数据，通过数码相机同步得到目标影像数据。

（3）数据处理。

三维激光扫描仪具有数据获取速度快、野外作业时间短、自动化程度高、操作方便等优点，但和扫描野外作业相比，其后续数据的处理具有较大的工作量。扫描所获得的离散的点云数据并不能够真实准确地表达建筑物的整体模型，为了满足建筑物三维建模的需求，还要对所获得的原始点云数据进行优化处理，包括数据配准、数据滤波和坐标系转换等。

本系统选用的激光扫描仪附带软件 RiSCAN PRO 和建模软件 PHIDIAS 对数据进行相应处理。首先，根据对已获取的原始扫描数据进行地物提取。因为在扫描物体时，由于遮挡等原因的影响，采集的数据不单是我们需要的数据，其中还包括很多我们不感兴趣的数据，因此要将地形数据与地物数据分离；然后再对建筑物数据进行去噪滤波处理，去除测量噪声、遮挡物（如树木等）的影响，得到建筑物整体信息；再通过基于平面特征的图像分割对建筑物进行识别,并根据建筑物自身特征,对连续扫描的激光测量断面进行整体匹配纠正,得到建筑物特征点和二维平面特征;之后,根据总体纠正信息对原始测量数据进行重新采样和计算,得到反映建筑物表面几何特征的三维扫描坐标;最后,对三维坐标进行建模。将其生成的模型文件集成到基于 Skyline 三维软件开发的黄河流域三维地貌服务平台中,建立真正意义上的黄河流域三维地物地貌服务平台,并与以防洪工程空间数据(主要包括:防洪工程、断面信息、行政区划、黄河及主要支流、公里桩、主要公路、铁路、桥梁及其他具有地标作用的重要地物信息等)和属性数据(主要包括:堤防、河道整治、水闸、跨河工程、附属设施、生物工程等的基本情况)为核心的防洪工程维护管理系统进行集成,最终建成基于黄河流域三维地物地貌的防洪工程维护管理系统。

6.6.3 防洪工程建筑物模型发布

防洪工程建筑物模型经过 3DMAX 等建模软件的制作处理,打包封装生成 . x 等格式文件组成的 . xpl 模型文件集合,使用 TerraExplorer Pro 将防洪工程建筑物模型文件集合导入黄河流域三维地貌场景中,并根据 GPS 所采集的相应建筑物,定位点 shp 集合文件对工程建筑物进行定位,最后通过设置相关参数完成防洪工程建筑物模型的发布。具体步骤包括:

(1)防洪工程建筑物模型 . x 格式文件的输出;

(2)防洪工程建筑物模型 . xpl 格式文件集合的获取;

(3)模型点 shp 文件的创建;

(4)将路径字段添加到 shp 文件里;

(5)使用"Load Feature Layer"批量加载模型的实现;

(6)参数优化设置。

第7章 关键技术研究及解决方案

7.1 自动生成工程维修方案

针对黄河防洪工程维修养护存在的问题,结合黄河防洪工程管理实际情况和工程设计、建设、验收和工程运行管理的标准与要求,针对维修养护工作的特点,对维修养护工作过程中人工管理决策的内容与过程进行研究、总结和提炼,研发了工程维护决策子系统,按照工程类别分为堤防工程、河道整治工程、水闸工程和附属工程,建立了黄河水利工程维修养护标准化模型方案库,并针对上述各类工程维护策略,分别计算出相应工作量和工程量,按照定额及有关取费标准生成用工数量及投资预算,并进行优先级排序,为防洪工程维修养护决策提供信息支持。

7.1.1 工程分类的标准

首次针对工程维修养护的复杂性,高度概化出了各种维护方案,提出了工程分类的标准。根据工程设计、建设、验收的环节和工程运行管理的标准与要求,针对黄河堤防、河道整治、水闸工程以及附属工程维修养护工作的特点,在对维修养护工作过程中人工管理决策的内容与过程进行概化的基础上,完成了"黄河水利工程维修养护标准化模型"功能研发,实现了黄河堤防维护工程分类、分项目制订维护方案、维护工程概预算、工程实施步骤、维护工程决策流程的自动化生成和信息化管理。该模型的研发和推广节省了大量的劳动,创造了巨大的经济效益和社会效益。工程维修养护标准化模型的开发应用在水利行业工程维护管理方面实属首创。

该项目主要是按堤防工程、河道整治、水闸工程以及附属工程四大类进行工程分类。其中:堤防工程分为堤身、穿堤建筑物、生物防护、排水设施等。河道整治工程分为坝基(连坝)、石护坡、排水沟、生物防护及草皮等。附属工程包括堤防、险工、控导、水闸、滞洪区和滩区等的附属设施。

7.1.2 维修养护方案库

首次建立了庞大的维修养护方案库,实现了维护方案策略的自动生成。模型针对"水沟浪窝回填"、"天井回填"、"裂缝"以及工程日常维护等内容,将各类维修养护业务分为堤防工程、河道整治工程、涵闸工程、附属设施4大类,并对每类工程逐级(最多达到7级)细化成具体作业项目,对应每个作业项目均有1~3个实施方案。用户只要给出具体项目的相关参数,在后台庞大的方案库(共有765个方案)的支持下,系统即自动生成最优化的、可具操作性的实施方案,实现了工程维修养护业务的智能化处理。

7.1.3 工程维护优先级排序方法

按照工程类别和重要程度，研究并建立了工程维护优先级排序方法。根据工程量、工程类别、投资大小、工程急缓程度等多种组合进行工程维护优先级排序。按照维修养护业务中纵、横向级别化项目分类，智能化提取共同点后，通过后台数据库按照用户操作进行信息提取分配，并以下拉菜单形式实例化集群呈现；后台以触发式同步机制，将对应项目类别下的方案信息进行汇总优先排序，并以表格形式呈现。

该模块提供两种分类查询优先排序模式：基本分类排序和模糊分类排序。

7.1.3.1 基本分类排序

按照维修养护业务中纵向级别化项目分类，通过后台数据库，按照用户操作，进行实时化树性级别信息提取分配，并以下拉菜单形式实例化集群呈现；后台以触发式同步机制，将对应项目类别下的方案信息进行汇总优先排序，并以表格形式呈现。

根据用户需要，可对统计汇总表中任意维修养护细目进行具体实施方案回溯：可以查询到生成该具体实施方案全过程中用户录入的具体参数、所采用的定额标准等信息。

7.1.3.2 模糊分类排序

按照维修养护业务中横向级别化项目分类，智能化提取共同点后，通过后台数据库按照用户操作进行信息提取分配，并以下拉菜单形式实例化集群呈现；后台以触发式同步机制，将对应项目类别下的方案信息进行汇总优先排序，并以表格形式呈现。

根据用户需要，可对统计汇总表中任意维修养护细目进行具体实施方案回溯：可以查询到生成该具体实施方案全过程中用户录入的具体参数、所采用的定额标准等信息。

7.1.4 工程维护预算的智能化计算

首次研究建立了规范化的方案计算公式阵列，实现了方案智能化匹配和工程维护预算的智能化计算。

主要针对各类工程维护策略，分别计算相应工作量和工程量，按照定额及有关取费标准生成用工、用料量及投资预算。

此模块针对维修养护方案具体实施流程，完成如下功能：

（1）投资条目解析。将具体实施方案中将要用到的投资条目分类实例化，并提示用户录入具体实施方案参数。

（2）工程预算智能生成。根据用户录入的具体实施方案参数，工程预算智能生成中间件进行快速分类运算，生成工程量分类项目及其预算并加以汇总。具有权限的用户可对工程投资预算进行存储操作。

（3）工程预算智能匹配中间件。借由后台规范化的方案计算公式阵列，对用户选取的具体方案实施智能化匹配，将用户输入的方案参数，通过公式阵列快速选取相应公式进行合理化计算；针对工程量分类项目以及用户单位管理级别实施单价定额标准的智能化关联套接；如遇到匹配不合理情况，将提供用户自主录入接口，以最终完成投资概算。

7.1.5 规范化的定额模板

首次研究建立了规范化的定额模板,借助网络界定技术实现了定额标准智能化拟订。

根据具体方案关联显示相应的定额标准单价分析表,针对不同用户级别可修改管理操作。为防止并行操作和不同县局用户具体方案定额标准的冲突,后台数据库可提供规范化定额模板加以界定修正;针对不同管理单位实际情况,如各个县局人工费、材料费、机械费等差异,为每个县局提供定额标准分析模板,可对单价分析表中具体条目进行合理化修改,自动生成定额单价并加以存储。

7.2 涵闸安全评估模型

黄河下游临黄大堤有引黄水闸 94 座,分泄洪闸 13 座,随着标准化堤防建设的进行,穿堤涵闸的安全问题显得尤为突出。随着标准化堤防建设的进行,穿堤涵闸的安全问题显得更为突出。随着"数字黄河"工程的建设,在一些涵闸上已经埋设了安全监测仪器,包括渗透压力、垂直位移、水位监测等。根据采集到的监测数据,怎样对涵闸的运行状态做出系统的、科学的评估,是亟待解决的问题。

水工建筑物安全评估涉及面广,影响因素多,问题复杂,进行安全评估难度很大。目前虽然有多种方法,但是用于黄河下游涵闸安全评估还需要进行进一步研发,常用方法有:材料强度控制评估法,实测应力应变大于建筑物及其基础的材料强度即为不安全,这种方法道理简单,实测数据难得,不宜采用;抗滑安全系数评估法,因难以得到建筑物的整体安全度而无法使用。经过调研分析,本项目拟采用实测值过程线法和统计数学模型法。

(1)实测值过程线法基本原理。

实测值过程线法,是将某个涵闸一点或多点自动观测的沉降位移、扬压力、渗压力数据进行过程线分析,通过均值、滑动平均等统计特征值分析,分析不同时期内特征值的变化。从而,分析沉降位移、扬压力、渗流的过程线的变化趋势,通过综合分析各个观测点物理量过程线的变化,将过程线中边缘值与出险时实测值进行比较,估计涵闸运行安全状态。

(2)统计数学模型法基本原理。

目前,统计数学模型是一种常用的建模方法,统计学模型是一种后验性模型,它是根据以往较长时间、数量较多的历史监测资料建立起的原因量和监测物理量(效应量)相互关系的数学模型,用以预测未来时刻效应量的变化趋势。其拟定方便采集的相关因素作为原因量,拟定影响涵闸安全的实测值(变形、渗流)因素为效应量,通过历史资料建立涵闸安全与效应量的数学模型,将实测值与模型计算值做对比,根据两者的离差大小或变化趋势对工程安全状况作出评估。这种离差是指实测值对模型值的离差,即以模型值为准,对实测值作出判断,该数据模型结合监控指标,并结合日常巡视检查资料即可进行工程安全综合评估。

建立统计数据模型的过程中,为最大限度避免相关因子之间的互相干扰,选用偏最小二乘法来进行回归。

通过建立涵闸评估模型,初步实现运用安全质量标准体系和评价模型,对于工程运行数据和资料进行综合分析处理,评估工程安全运行状态,为防汛调度和涵闸除险加固与维护决策提供支持。

7.2.1 评估模型设计思路

7.2.1.1 模型总体框架

黄河下游水闸安全评估模型通过监测数据来快速评价水闸的安全性,总体框架如图7-1所示。

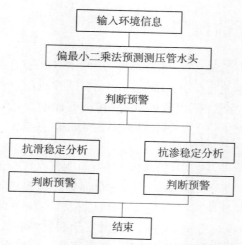

图 7-1 黄河下游水闸安全评估模型总架构

(1)输入环境信息。输入的环境信息为上下游水位、降雨量和时间效应。

(2)测压管水头预测。通过输入的环境信息,应用偏最小二乘法对测压管水头进行预测,再与真实值进行对比判断并预警。

(3)抗滑稳定分析。通过抗滑稳定分析模型对闸室的稳定性进行判断并预警。

(4)抗渗稳定分析。通过抗渗稳定分析模型对水闸闸基的渗透稳定性进行判断并预警。

7.2.1.2 模型采用面向对象方法开发成类库

本项目开发中,相关模型的设置与计算全部封装成类库,表现层通过调用相关的方法完成数据调用和模型计算等工作。

7.2.1.3 采用偏最小二乘回归法

通过技术咨询和深入调查研究分析,模型建立采用最先进的偏最小二乘回归法进行分析。

7.2.2 评估模型的程序化

本评估模型分为两个阶段。第一个阶段,利用环境信息采用偏最小二乘法对测压管水头进行预测,若预测值和实测值有大的偏差,就进行报警提示。第二个阶段,通过测压管水头的实测值和上下游水位对水闸的渗透稳定性、抗滑稳定性进行计算分析,若不稳定,就进行报警提示。第一阶段测压管水头预测模型程序的流程图如图7-2所示;第二阶段抗滑稳定分析模型程序的流程图如图7-3所示;第二阶段抗渗稳定分析模型程序流程图如图7-4所示。

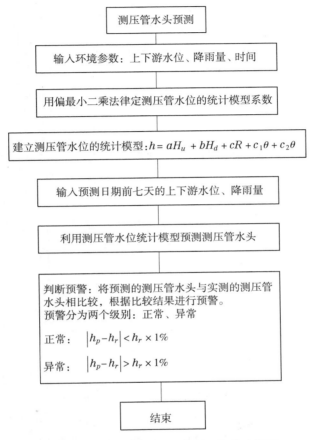

图 7-2　测压管水头预测模型程序的流程图

7.2.3　采用 Extjs 程序框架

Extjs 是一个基于纯 Html/CSS + JS 的技术,提供丰富的跨浏览器 UI 组件,灵活采用 JSON/XML 为交换格式,使得服务端表示层的负荷真正减轻,从而达到客户端的 RIA (Rich Internet applications)应用。

利用 Extjs 作为程序框架,可以为用户提供强大而震撼的客户端效果,同时由于采用 Ajax(异步传输模式),所以其运行极为流畅。本系统采用 Extjs 作为程序框架,以用户熟悉 Windows 桌面应用程序为范本,将其移植到了网络环境下。

Ajax 全称为"Asynchronous JavaScript and XML"(异步 JavaScript 和 XML),是指一种创建交互式网页应用的网页开发技术。

传统的 Web 应用允许用户填写表单(form),当提交表单时就向 Web 服务器发送一个

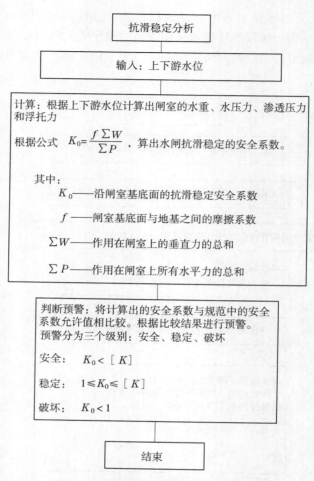

图 7-3　抗滑稳定分析模型程序的流程图

请求。服务器接收并处理传来的表单,然后返回一个新的网页。这个做法浪费了许多带宽,因为在前后两个页面中的大部分 HTML 代码往往是相同的。由于每次应用的交互都需要向服务器发送请求,应用的响应时间就依赖于服务器的响应时间。这导致了用户界面的响应比本地应用慢得多。

与此不同,Ajax 应用可以仅向服务器发送并取回必需的数据,它使用基于 XML 的 Web Service 接口,并在客户端采用 JavaScript 处理来自服务器的响应。因为在服务器和浏览器之间交换的数据大量减少,结果我们就能看到响应更快的应用。同时很多的处理工作可以在发出请求的客户端机器上完成,所以 Web 服务器的处理时间也减少了。

使用 Ajax 的最大优点,就是能在不更新整个页面的前提下维护数据。这使得 Web 应用程序更为迅捷地回应用户动作,并避免了在网络上发送那些没有改变过的信息。

Ajax 不需要任何浏览器插件,但需要用户允许 JavaScript 在浏览器上执行。就像 DHTML 应用程序那样,Ajax 应用程序必须在众多不同的浏览器和平台上经过严格的测试。随着 Ajax 的成熟,一些简化 Ajax 使用方法的程序库也相继问世。同样,也出现了另

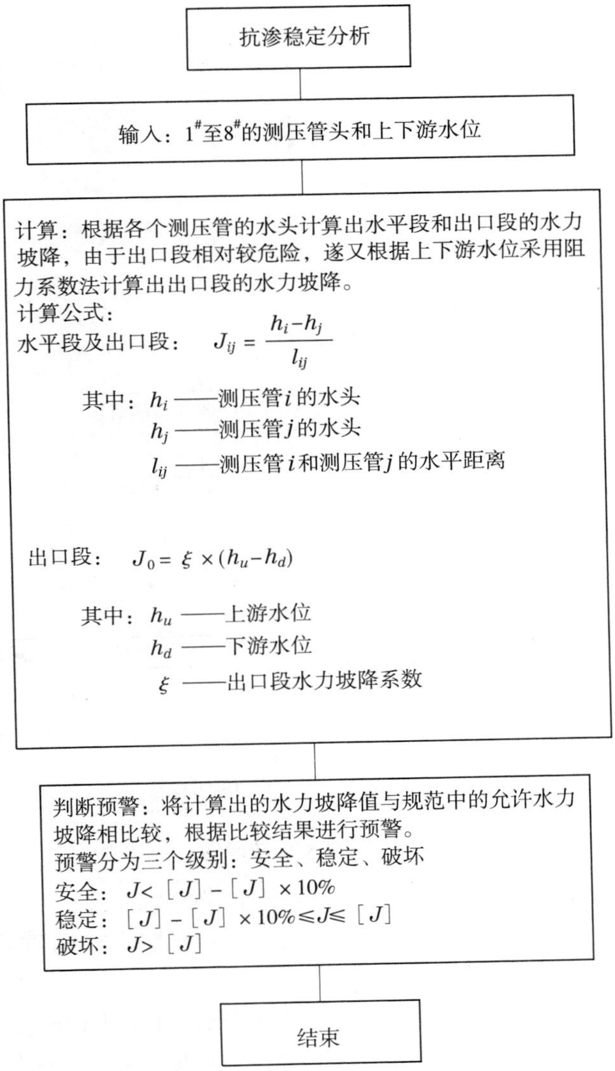

抗渗稳定分析

输入：$1^{\#}$至$8^{\#}$的测压管头和上下游水位

计算：根据各个测压管的水头计算出水平段和出口段的水力坡降，由于出口段相对较危险，遂又根据上下游水位采用阻力系数法计算出出口段的水力坡降。
计算公式：
水平段及出口段：　$J_{ij} = \dfrac{h_i - h_j}{l_{ij}}$

其中：h_i——测压管i的水头
　　　h_j——测压管j的水头
　　　l_{ij}——测压管i和测压管j的水平距离

出口段：　$J_0 = \xi \times (h_u - h_d)$

其中：h_u——上游水位
　　　h_d——下游水位
　　　ξ——出口段水力坡降系数

判断预警：将计算出的水力坡降值与规范中的允许水力坡降相比较，根据比较结果进行预警。
预警分为三个级别：安全、稳定、破坏
安全：$J < [J] - [J] \times 10\%$
稳定：$[J] - [J] \times 10\% \leqslant J \leqslant [J]$
破坏：$J > [J]$

结束

图7-4　抗渗稳定分析模型程序流程图

一种辅助程序设计的技术，为那些不支持 JavaScript 的用户提供替代功能。

7.2.4　模型算法

模型算法程序整体流程图见图7-5。

7.2.4.1　监测预报模型算法原理

偏最小二乘法回归（Partial Least – Squares Regression，简称 PLS 法），是在 1983 年由 S. Wold 和 C. Albano 等人首次提出的一种在多元统计分析基础上建立起来的新型回归方法，它不仅仅能较好地解决以往用普通多元线性回归难以解决的困难，而且还可以完成类似于主成分分析和典型相关分析的研究，它提供了一个更为合理的回归模型和较高的预测精度。与普通的回归方法相比较，PLS 法具有以下独特的优点：

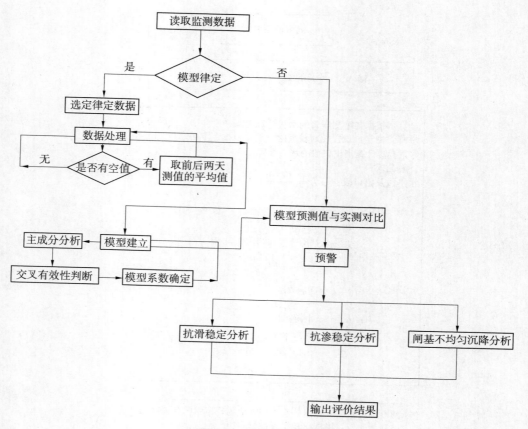

图 7-5　程序整体流程图

（1）PLS 法有效地解决了回归方程中变量的多重共线性问题。

（2）PLS 法提供了一种多因变量对多自变量的回归建模方法，建模过程更为经济、方便。

（3）PLS 法尤其适合于在样本容量小于变量个数的情况下进行回归建模计算问题。

（4）PLS 法解决了多种多元统计分析方法的综合应用。作为一种具有广阔发展前途的新型数据分析方法，PLS 法常常被誉为第二代回归方法。

7.2.4.2　测压管水头预测模型

对于水闸监测而言，测压管水位是由水头，即上下游水位、降雨等因素引起的。渗透过程中，渗流水克服土颗粒之间的阻力，从上游到测压管需要一定的时间，因此测压管水位与闸前的前期水位有关；土体固结和上游淤积对渗流状态也可能影响测压管水位；此外，在水闸与大堤的结合部，降雨对渗压水位往往也有很大的影响。一般情况下，温度变化对测压管水位影响微小，暂不计入。因此，影响测压管水位的因素包括水位分量、时效分量和降雨分量三部分。其中水位分量包括上游水位、下游水位，时效分量包括闸前淤积和土体固结对渗流的影响。

7.2.4.3　渗流稳定分析模型的建立

当水闸建成挡水后，由于闸的上下游的水位不同，形成一定的水头差，促使水自闸上经过闸基或绕过翼墙向下游流动。渗流在土体内流动时,由于渗透力的作用,可能造成土壤的渗流变形。当闸基的渗透水力坡降大于临界水力坡降时,即 $J > J_c$,闸基将发生渗透破坏。为了要有一定的安全储备,将临界水力坡降除以安全系数即为允许坡降 $[J]$,其安全系数可采用 $k = 1.5 \sim 3.0$,即 $J > [J]$。

7.2.4.4 抗滑稳定分析模型的建立

水闸在运用时期,受到水平力和垂直力的共同作用,当底板与地基之间垂直压应力较小时,在水平推力作用下,闸室底板有可能沿地基表面发生滑动。当水闸基底垂直压应力较大时,在水平推力的作用下,闸底板将有可能连同地基一起发生深层滑动。对于黑岗口引黄涵闸,地基强度较好,只需校核闸室沿地表层的抗滑稳定性即可。

作用在闸室上的力,按照它们对水闸稳定的作用不同,可归纳为两类:一类是促使闸室滑动的力,称为滑动力,如上游的水平压力;另一类则是闸室滑动的力,称为阻滑力,如闸底板与地基之间产生的摩擦力。水闸在运用期能否保持稳定,主要取决于这两种力的对比。如阻滑力大于滑动力,闸室就能保持稳定;反之,就可能丧失稳定。目前,闸室抗滑稳定计算主要有以下两种方法:只考虑滑动面上摩擦力的作用和滑动面上摩擦力和黏结力的作用。对于黑岗口引黄涵闸,闸室底板底部为平面,底板和涵洞连为一体,长度较大,齿墙较浅,闸室滑动时滑动面取为底板与地基的接触面,抗滑稳定只考虑滑动面上摩擦力的作用。

安全评估模型的研究,尤其是涵闸安全评估模型的研究在黄河上是第一次。对模型进行设计需要长系列的监测数据和历史环境资料(如降水、水温等信息),本次所选择的试点工程中,只有开封黑岗口涵闸有相对完整的数据可供使用。因此,模型的适用性和准确程度还需要有一定程度的提高。

目前,我国南京自动化研究院、中国水利水电科学研究院已开发出了大型的堤坝安全信息管理软件。随着计算机技术发展,统计模型、确定性模型、混合模型已被广泛用于工程实践,利用随机有限元、模糊数学、灰色理论建立数学模型评估也取得了初步成果。本系统在使用过程中,随着技术的发展,必须将最新的研究成果纳入到系统中来。

7.3 工程三维激光扫描建模

要建立流域三维地物地貌服务平台,面对众多的防洪工程,采用传统的建模生产方式,构建大量的防洪工程模型是制约系统开发的一个瓶颈,如何解决这一难题,是系统研发的关键。利用传统的 3D 软件,比如 AutoCAD,3DMAX 等,用它们可以直接制作出比较逼真的三维模型,但对于大范围区域,如果每个模型都这样重复不仅费时、费力,而且也不实际。随着数字采集技术的发展,越来越多的各种型号的三维激光扫描仪以其高频率、高精度、高时效、易操作的特征,被广泛应用到各个行业中。在黄河防洪工程维护管理系统中引进三维激光扫描建模及相关技术,这将从根本上改变防洪工程建筑物传统的建模生产方式,真实再现防洪大堤、防浪林、涵闸、大坝、险工、控导、跨河建筑物等工程原貌,并实现部分工程建筑物内部信息的可量可测,大大减少了野外数据采集的工作量和采集时间,大幅度提高针对不同类型工程建筑物模型的生产效率和精度,降低原有工作模式所需的大量人力、物力和财力,填补了在黄河防洪工程维护管理系统中利用三维激光扫描建模技术快速、准确生成防洪工程建筑物三维原貌技术的空白。

公路、隧道、桥梁、堤坝等地物,在空间形态上呈带状分布特征,其信息表达也要求体现带状分布的特点。使用车载激光扫描系统对这些带状构筑物进行信息采集具有明显优势:①数据采集速度快,车载激光扫描系统在正常行驶过程中动态采集数据,只需要沿带状地物行驶一次,便采集了所有需要的信息;②常速状态下,车载激光扫描系统每 0.3 m 采集一条扫描线,每条扫描线中包含数百个三维数据点,数据量和数据密度都是其他数据采集方式无法比拟的;③激光扫描仪记录了所有能够探测的信息,信息量非常丰富,可根据需要提取信息;④车载系统通过高精度的导航系统来获得瞬时的位置和姿态信息,通过坐标转换获得目标的坐标,相对精度和绝对精度都比较高,适合高精度模型的构建。

车载扫描系统通过自动控制子系统对三维激光感应子系统进行控制和监测。不同的测量任务,对激光感应子系统的扫描定位、扫描方向和范围等方面的要求差异很大。因此,激光感应子系统的扫描范围、扫描速度、快速定位、自动改正的能力直接决定着数据采集的效率和准确性。例如,在进行建筑物测量时,由于建筑物比较高,激光感应子系统的视场角就要求比较大,否则就不能获得建筑的全貌;而在道路测量中,由于测区比较平坦,而且地物比较简单,比较适于快速作业,这就要求激光感应子系统的扫描速度要比较快。

针对黄河防洪工程战线长,种类繁多的实际情况,选用车载或船载扫描系统能够帮助我们更加快速、清晰、准确地获得那些复杂地形地物详细信息和数据,为科学决策提供更为真实的依据。

三维激光扫描建模技术解决了传统建模手段在防洪工程建模中作业效率低、数据质量不高和处理过程复杂等问题,利用三维激光扫描建模技术,提高了数据的采集效率,保证了数据质量,降低了数据采集和处理的复杂程度。通过三维激光成像技术,可真实还原黄河各类防洪工程建筑物的三维模型,建立了真正意义上的基于三维地物地貌的黄河防洪工程维护管理系统,不仅能够对各类工程的属性信息进行可视化查询,还可以对工程进行精确量测,结合三维地貌平台应用于黄河防洪工程的维护管理、黄河防汛、水文分析等业务领域,为防汛决策、工程维护管理等业务提供强有力的信息支撑。

7.4 流域三维地貌服务平台

基于 Skyline 的黄河流域三维地貌平台的建设基于 SOA 服务架构的 B/S 模式真实还原了三维地貌,有效利用遥感影像数据、DEM 数字高程数据、工程矢量数据进行高效集成,并依据目前国际通用的软件技术标准、技术规程进行规范化和标准化设计开发,实现 RS/GIS 服务的无缝集成,构建出二、三维一体化基础服务平台(见图 7-6)。在作为黄河流域三维地貌基础服务平台应用于业务应用系统的开发建设过程中,体现出较高的性能和稳定性。黄河流域三维地貌平台技术架构基于 Skyline 软件系统构建,首先利用 Skyline 系列软件中的 TerraBuilder 把影像和高程数据融合成一个高精度带有地理坐标信息的地形数据文件即 ∗.MPT 文件,地形数据文件通过 TerraGate 以符合 SOA 标准的服务方式进行网络发布;TerraExplorer Pro 把地形数据和矢量等二维扩展数据进行融合,经过打包压缩处理后,生成用以发布的最终文件即 *.FLY 文件;*.FLY 数据文件通过服务方式通过网络发布,由 Web 页面中三维浏览插件接收,结合 JavaScript、ASP.NET 等语言开发的 Web 应用程序,完成应用业务功能,并最终提供给用户使用。

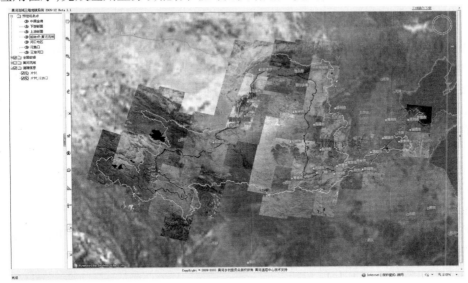

图 7-6 黄河流域三维地貌平台

在项目建设过程中也遇到不少困难和问题:基础底图数据的匀色有待进一步处理,由于项目时间紧、人员设备缺乏和数据采集时间等问题的影响,目前基础底图数据只按每四副进行初步的匀色处理,效果仍不够满意;DEM 数字高程数据仍有待进一步的精细化处理,目前系统内部使用的山东境内的 DEM 数字高程数据有地形变化不明显的问题;随着项目的不断进行,数据会进一步的进行处理和完善。

随着黄河流域三维地貌平台的不断研发,同时结合三维激光扫描建模技术,并与其他业务系统进行整合,把业务系统的信息也通过黄河流域三维地物地貌平台来进行展现,使信息展示更为直观和全面。

第8章 结 论

黄河防洪工程维护管理系统是数字黄河六大应用系统之一的"数字建管"系统的重要组成部分。系统自2003年11月初步建成投入试运行后,在工程维护管理工作中发挥了重要作用。由于实现了基于三维流域地貌信息系统的,具有可视化特点的网上信息查询、网上智能数据录入,远程视频监视、远程实时安全监测及工程维护方案自生成等功能,大大提高了工程基础信息采集和查询的时效性,实现了试点工程实时安全监测,增强了工程维护决策支持能力,实时掌握工程运行状态,提高工程维护管理决策水平,彻底改变了黄河工程维护管理方面的落后局面,实现了工程管理手段现代化零的突破。

黄河防洪工程维护管理系统是黄委工程管理行业第一个信息化系统工程,是一项社会效益和经济效益显著的全新系统工程。随着该系统的逐步完善和推广应用,可在提高工程维护管理决策水平,及时发现和消除工程隐患,确保黄河防汛安全等方面发挥巨大的社会效益。

8.1 提高管理工作决策能力

黄河治理与开发的决策,关系到黄河的安危与发展。科学有效的决策是黄河长治久安的前提条件。而支持决策既需要全面、准确、及时的信息,还需要先进的技术支持手段。通过现代化的信息采集、传输和处理技术,不但提高了信息的时效性,而且大大提高了信息的处理能力和对突发事件的快速反应能力,从而为工程建设与管理赢得了宝贵的时间,为工程的建设管理、安全评估、工程运行和维护管理提供了大量信息,提高了决策的科学性。

本系统将信息的开发利用放在首位,针对工程建设与管理所遇到的问题,建立各种功能模块和决策会商机制,为工程建设与管理的科学决策提供技术支持。

8.2 社会效益和经济效益

本系统的建设是黄河工程建设与管理现代化的重要标志。工程建设的实施,将极大地提高水利工程建设与管理的现代化水平,并将产生巨大的社会效益和经济效益。主要体现在以下几个方面:

(1)大大提高工程管理的工作效率和管理水平。信息技术的开发与利用,为管理工作插上了腾飞的翅膀,原来传统的管理模式被打破,工作效率将大大提高。

(2)工程管理的社会效益巨大,黄河两岸的人们会感受到现代管理给社会带来的巨大利益,他们会比以前更加有安全感,黄河将给两岸人民带来更多的利益而不是危害。

(3)系统的建设也为推动黄河的经济产业发展起到了巨大作用。现代化管理必将带来经济的大发展。系统的建设使黄河工程管理产生质的跨越。它节省人们大量的时间去从事黄河相关经济产业的开发,如淤背区的开发、林木种植等。该系统充分利用当今最先进的信息技术来融合水利科学技术,使之发生整体性的进步。

(4)工程维护管理系统的维护策略、优化功能,可以在保证防洪工程安全的前提下,为国家节约维护经费,使工程效益最大化。黄河管理信息涉及水文、水质、水土保持、工程管理等方面。由于技术的限制,使得信息资源的共享困难,在一定程度上制约了黄河水利各项工作的发展。黄河防洪工程维护管理系统的实施,不但丰富了信息的种类和数量、提高了信息的传输速度,而且也实现了基于现代化技术手段的信息统一管理、组织和共享,避免了不同业务对同一信息资源的重复开发,这不仅节省了信息采集的费用,也避免了信息基础设施资源的重复建设,经济效益显著。

8.3 为工程管理事业发展打下了坚实的基础

信息化是当今世界经济和社会发展的大趋势,对国民经济和社会的发展具有不可估量的推动作用,是我国产业优化升级和实现工业化、现代化的关键环节。党的十五届五中全会提出,要大力推进国民经济和社会信息化,以信息化带动工业化,发挥后发优势,实现社会生产力的跨越式发展。对黄河防洪工程管理来说,该系统的建设,加强了黄河管理信息资源的开发和利用,提高了计算机及网络的普及程度和利用率,构架了覆盖全河系统的信息网络,规范、完善了管理决策支持系统,实现了政务办公的电子化,为工程管理事业今后的发展打下了坚实的基础。

第 9 章 未来展望

9.1 水利工程管理发展的现代要求

党的十六次全国人民代表大会明确提出了我国未来二十年全面建设小康社会的奋斗目标,对水利工作提出了新的更高的要求。水利作为国民经济的基础,在经济社会发展中占有极其重要的地位,必须以更快的速度和更高的质量支撑经济社会的发展。水利部提出了新的治水思路:从工程水利向资源水利、从传统水利向现代水利、可持续发展水利转变,以水资源的可持续利用保障经济社会的可持续发展。黄委提出了"维持黄河健康生命"这一治河新理念,并将其作为黄河治理开发与管理的最终目标,要为之长期奋斗下去。水利部的治水新思路和黄委的"维持黄河健康生命"治河新理念,为工程管理工作指明了方向,要求我们全面做好工程管理工作,必须实现工程管理的改革与创新,必须按照市场经济的要求,不断提高职工队伍业务素质,改善工程管理基础条件,完善法规制度建设,利用现代技术手段,实现水利工程管理的现代化发展。

经济建设的快速发展为水利工程管理奠定了比较好的基础,20 世纪 90 年代后期以来,国家和地方人民政府进一步加大了水利基本建设投入,一批又一批建设标准高、管理设施完善的堤防及滩岸防护工程不断建成并投入使用,同时,经济社会发展也对水利工程管理及安全运用提出了更高的要求。工程管理的设施建设、管理理念和管理手段也需要不断创新与发展,要实现工程标准化、管理规范化、技术现代化和保障社会化,确保人民生命安全,减少财产损失和最大限度地满足人民生活、生产和生态环境的需要。

9.2 水利工程管理发展的指导思想和任务要求

以国家关于水利工作的一系列方针政策为指导,按照水利部可持续发展的治水新思路及黄委"维持黄河健康生命"的治河理念,黄河水利工程管理工作要以确保工程安全运用和充分发挥工程效益为中心,为流域经济发展提供安全保障;深化改革,逐步形成改革开放、高效、充满活力的管理体制,逐步建立健全符合社会主义市场经济要求的水利工程管理良性运行机制;注重水利工程管理科研,提高管理科技含量;健全法规,依法行政,依法保障水利工程与河道防洪安全;加强管理正规化、规范化建设,完善工程维修养护的相关制度与标准;强化工程日常维护管理,做好工程隐患的处理和病险工程的除险加固;加强信息化建设,利用先进科学技术和手段,提高管理技术水平,逐步实现水利工程管理现代化,为经济社会发展提供安全保障和优质服务,促进人口、资源、环境和经济的协调发展,为加速全面建设小康社会进程,为国民经济和社会的可持续发展提供有力的支撑和保障。

面对新形势、新任务和新要求,黄河水利工程管理首先要实现"五个转变"、达到"四个"目标。

9.2.1 五个转变

9.2.1.1 从重建轻管向建管并重转变

在水利工程建设与管理中,牢固树立起"设计与建设是管理的开始,管理是设计与建设的延续,管理是永恒的主题"的管理思想。首先,要采取切实措施,通过理顺管理体制、建立机制与完善规定、标准等着手,逐步扭转重建轻管的局面。其次,从设计审查开始,管理部门同志要主动参与,依据规范积极反映解决管理配套设施建设问题;建设过程中要坚持主体工程与管理设施并重;完建时必须坚持主体工程与管理设施同时验收。再次,提高对工程管理运行长期性的认识,设计与建设要为管理创造条件,新建工程除了主体工程,管理设施必须纳入工程设计内容,列入概算,为管理创造必要条件。最后,在投入上建管并重。过去往往比较注重项目建设的硬件投入,而忽视了运行管理的设施投入,今后要在不断增加水利建设投资的同时,建立良性运行的水利工程管理投入机制,加强资产的经营和维修养护经费的投入,切实把加强工程运行管理作为提高投资效益和工程综合经济效益的重要手段。

9.2.1.2 从只重视技术管理向既重视技术管理又重视依法管理转变

技术管理是基础,依法管理是保障。在依法管理上,加强以《黄河法》为重点、各省区黄河河道与工程管理法规为附属的各种立法工作,完善配套法规,强化监督检查机制,依法管理河道、水工程和水资源。彻底改变计划经济体制下单纯靠技术、行政手段进行管理的做法,凡是能依法解决的问题,尽量运用法律手段,实现河道与水工程安全管理的法制化。

9.2.1.3 从传统的、单纯的工程维护向注重工程维修养护又重视整个工程生态体系建设转变

在实施黄河水利工程维护的同时,通过防洪工程规划、设计、建设、运行管理等环节,强化水工程生态建设理念,坚持"点线"结合,尽快形成以堤防临河防浪林为主体,堤防管护基地与水闸管理庭院绿化美化、淤区生态林、背河取材林、堤顶行道林为附属的点线结合生态体系,水库大坝管护区要达到连片绿化开发,达到所有水利工程既能维持完整、提高强度、确保运用安全又不断改善工程生态与河流环境的目的。

9.2.1.4 从只重视工程安全管理向既重视工程安全管理又重视发挥工程效益最大化转变

不仅重视工程防洪安全和运行安全,还要通过建立适应社会主义市场经济条件下的黄河水利工程管理运行机制,完善工程维护考核标准,不断提高运行管理水平,在实现维护工程完整,确保工程运用安全的基础上,充分开发利用水资源,并积极开展黄河水利工程生态体系建设,服务国家经济建设,追求工程管理综合效益最大化。

9.2.1.5 从传统工程管理向现代水利工程管理转变

从传统的、经验的管理转变为科学管理,依靠科技进步,借助先进的工程维护机械与工器具,通过信息化、网络化等手段,建立各种安全监测与维修养护管理的评估模型,实现对水利工程及有关信息的广泛收集、传输、分析和决策,由单纯的靠报表、报告、总结等的

时段管理转变为工程运行全过程的动态实时管理,从而提高现代化管理水平,实现以水利工程的安全运用与水资源的可持续利用来支撑国民经济可持续发展的目的。

9.2.2 四个目标

黄河水利工程管理要在新的历史条件下实现新的跨越,要明确的四个目标概括为"四化"。

9.2.2.1 工程标准化

包括工程断面、附属设施、林木种植等建设要与维护管理达到设计标准。

9.2.2.2 维护队伍专业化

通过水管单位内部"管养分离"改革及改变专群管理相结合的管理模式,按照市场经济发展要求,逐步实现黄河堤防与河道整治工程的专业化、社会化维护管理。

9.2.2.3 维护手段机械化

即适应标准化黄河防护工程管理需要,改变传统的"一把扫帚、一张锨"维护方法,借助现代化的管理工器具和机械设备,进行黄河水利工程的养护修理。

9.2.2.4 技术管理数字化

包括文字图表等技术资料的数据库管理,维护管理情况动态反馈与决策的网络化管理,工程安全监测、评估模型的建立及养护修理的决策支持等。

9.3 水利工程管理发展展望

从传统工程管理向现代水利工程管理转变,从传统的、经验的管理转变为科学管理,依靠科技进步,借助先进的工程维护机械与工器具,通过信息化、网络化等手段,建立各种安全监测与维修养护管理的评估模型,实现对水利工程及有关信息广泛收集、传输、分析和决策,由单纯的靠报表、报告、总结等的时段管理转变为工程运行全过程的动态实时管理,从而提高现代化管理水平,实现以水利工程的安全运用与水资源的可持续利用来支撑国民经济可持续发展的目的。

在现代科学技术迅猛发展的今天,水利工程管理行业越来越受到重视,管理理论和技术的研究一直在高速发展,管理手段不断更新换代,高新科学技术在管理领域得到广泛应用,向管理要效益已成为现代经济发展的方向之一。党的十五届五中全会《建议》提出:"要在全社会广泛应用信息技术,提高计算机和网络的普及应用程度,加强信息资源的开发和利用。政府行政管理、社会公共服务、企业生产经营要运用数字化、网络化技术,加快信息化步伐。"

现代化的工程管理可以概括为用现代化设备装备工程、用现代化技术监控工程、用现代化管理方法管理工程。水利工程管理是提供社会公共服务、优化配置水资源的基础工作,加快水利管理信息化步伐,是适应由传统水利向现代水利和可持续发展水利转变的重要环节,今后一段时期的工程管理,将会加强水利工程管理信息化建设工作。一是信息化建设提上了议事日程,有组织、有计划地开展了实施。围绕水利管理信息化工作的目标和任务,开展信息化建设规划工作。二是各方积极筹集资金,加大了投资力度。水利管理信息化建设是一项重要的公益性事业,黄河治理的中央财政投入是资金的主要来源。信息化建设坚持了少花钱、多办事的原则,立足于挖掘现有设施的潜力,避免了低水平开发和重复建设。按照"数字工管"建设关于应用牵引、试点先行;有限目标、无限精品的原则,在堤防加固、水闸工程更新改造及河道整治工程扩建时,要将工程管理信息化的成熟技术纳入建设内容,列入工程概算。对于新的基建项目,根据工程的性质和规模,确定信息化建设的任务和方案,做到同时设计,同期实施,同步运行。三是加强了信息技术的普及和技术交流。通过采取多种形式,培养和造就了一大批能够掌握信息系统开发技术、精通信息系统管理、熟悉水利专业知识的多层次、高素质的信息化建设人才,充实到各级河务局。四是积极引进了新技术、新设备,改造和替代现有设备,改善了水利管理条件。重视水利工程监测、大坝安全监测系统和工程管理信息网络系统建设,充分利用现代科学技术手段和方法,掌握工程运行动态,科学制定运用、调度方案,提高监测、预报和决策的现代化水平。

　　未来的社会是信息化的社会,黄河工程建设与管理也必将随着时代的发展逐步走向以数字化管理为标志的现代化管理轨道。"数字建管"工程将逐步建立起以现代信息技术为支撑的工程建设管理、工程运行管理、工程安全监测、工程安全评估及工程维护的五大应用系统,基本实现工程管理从传统管理模式向现代化管理模式的跨越。随着科学技术的发展,黄河防洪工程维护管理系统本身会更加完善,监测手段更加丰富,安全监测和隐患探测技术将有新的突破,系统的功能会有质的飞跃。黄河工程管理内涵将更加完善和丰富,工程管理的科技含量将大大提高。

参 考 文 献

[1] 水利部黄河水利委员会."数字黄河"工程规划[M].郑州:黄河水利出版社,2003.

[2] 崔建中,等.黄河水利工程管理技术[M].郑州:黄河水利出版社,2005.

[3] 李国英.建设"数字黄河"工程[C]//2002黄河年鉴.郑州:水利部黄河水利委员会,2002.

[4] 黄河水利委员会.建设数字黄河工程[M].郑州:黄河水利出版社,2002.

[5] 刘学工,等."数字黄河"工程建设管理研究[J].中国水利,2004(1):11-13.

[6] 张宝森,等.黄河工程管理现代化建设探讨[J].国土资源科技管理,2004,21(3):41-43.

[7] 朱太顺.防汛抢险关键技术研究[J].人民黄河,2003(3):1-2.

[8] 路兴昌,等.基于激光扫描数据的三维可视化建模[J].系统仿真学报,2007,4:1624-1630.

[9] 臧克.基于Riegl三维激光扫描仪扫描数据的初步研究[J].首都师范大学学报(自然科学版),2007,2:77-83.

[10] 吴静,等.基于三维激光扫描数据的建筑物三维建模[J].测绘工程,2007,10:57-60.

[11] 赵庆阳,等.浅析三维激光扫描仪的数据建模[J].科技情报开发与经济,2007,12:201-203.

[12] 贾东峰,等.三维激光扫描技术在建筑物建模上的应用[J].河南科技,2009,9:1111-1114.

[13] 石银涛,等.地面三维激光扫描建模精度研究[J].河南科技,2010,2:182-186.

[14] 龚建江,等.地面三维激光扫描仪在水电工程施工中的应用研究[J].浙江测绘,2008,4:11-13.

[15] 蓝紫坚.三维激光扫描技术在边坡灾害治理工程中的应用[J].广东科技,2010,2:91-92.

[16] 江水,等.基于车载激光扫描的带状地物表面快速重建[J].地球信息科学,2007,10:19-23.

[17] 刘占平,等.面向数字地球的虚拟现实系统关键技术研究[J].中国图像图形学报,2002,7(A):160-164.

[18] 王学潮,等.黄河下游堤防地质勘察与研究回顾[J].人民黄河,2002,9:5-6.

[19] 中国软件评测中心.计算机信息系统集成项目管理实践[M].北京:电子工业出版社,2004.